100

卓越手绘

室内快题设计100例

张姣艳 杜健 吕律谱 编著

U0278933

华中科技大学出版社
http://www.hustp.com
中国·武汉

图书在版编目(CIP)数据

室内快题设计100例 ／ 张姣艳，杜健，吕律谱编著.－武汉 ： 华中科技大学出版社，2019.7
（2024.2重印）
（卓越手绘）
ISBN 978-7-5680-5126-2

Ⅰ.①室… Ⅱ.①张… ②杜… ③吕… Ⅲ.①室内装饰设计－绘画技法 Ⅳ.①TU204.11

中国版本图书馆CIP数据核字(2019)第065251号

室内快题设计100例
SHINEI KUAITI SHEJI 100 LI

张姣艳　杜健　吕律谱　编著

出版发行：华中科技大学出版社（中国·武汉）　　　　电话：　(027) 81321913
　　　　　武汉市东湖新技术开发区华工科技园　　　　邮编：　430223
出 版 人：阮海洪

责任编辑：梁　任　　　　　　　　　　　　　　　　责任监印：朱　玢
责任校对：周怡露　　　　　　　　　　　　　　　　装帧设计：张　靖

印　　刷：湖北金港彩印有限公司
开　　本：889 mm×1194 mm　　　1/16
印　　张：13
字　　数：125千字
版　　次：2024年2月第1版第4次印刷
定　　价：79.80元

投稿热线：　(027) 81339688
本书若有印装质量问题，请向出版社营销中心调换
全国免费服务热线：400-6679-118　竭诚为您服务

前　言

随着时代的发展与进步，电脑对设计的辅助作用越来越大。然而，手绘快题设计多年来却始终是各大高校考研评定的重要标准。同时，越来越多的设计院、设计公司也使用了这种方式来考核、筛选人才。那么，快题设计的核心是什么呢？在科技时代，它是如何保持设计考核的主导地位呢？

本书将从这两点出发进行讲解，争取给更多的设计学子提供正确的室内快题设计方法和优质的学习资源。本书从室内快题设计的方法入手，详细阐述了高效完成一幅优秀快题的方法，着重从室内快题设计中的平面图、立面图、效果图、顶棚图、设计说明与分析图、排版 6 个方面，分别对其设计要点与表现要点进行详细阐述。

本书还从家装空间、餐饮空间、商业空间、办公空间、展示空间五大类常考空间进行重点分析，对其功能与流线、常用尺寸等进行讲解，结合各大名校真题进行解读，并对同类型空间快题设计作品进行点评。

全书引入了大量优秀的快题设计作品，可供准备快题考试的考生参考。各大名校入学考试中，90% 的学校把快题设计作为重要的考核业务课，但每个学校的题型不尽相同，评分标准亦有差别。本书中的快题作品出自全国约 30 所院校的考研同学之手。快题的构成部分很多，难免存在疏漏，望各位读者批评指正。

负责编写各章节内容的执笔人分别是：第 1 章为张姣艳；第 2 章第 1 节为张姣艳，第 2 ~ 3 节为张志成，第 4 ~ 5 节为何珊珊；第 3 章为杜健、吕律谱；第 4 章为张姣艳、杜健、吕律谱共同指导完成；第 5 章为张姣艳、杜健、吕律谱、何珊珊、张志成共同指导完成。

感谢卓越手绘室内快题研究中心的各位同学提供的优秀快题，感谢卓越手绘室内快题研究中心各位老师对本书提供的帮助，感谢卓越设计教育创始人杜健、吕律谱为本书提供大量的手绘作品。正因为有了大家的帮助，卓越手绘室内快题研究中心才能用 278 个日夜将此书完成，奉献给广大读者。

张姣艳

2019 年 1 月

目　录

第 1 章

室内快题设计

概述

1.1 基本概念

1. 基本含义

（1）环境艺术设计

环境艺术设计 （ environmental art design），顾名思义就是除人以外所有周边环境的设计、改造和规划。环境可被粗略分为两大部分，就是以建筑为主体的室内环境和以自然为主的室外环境。环境艺术设计包括室内设计（interior design）、景观设计（landscape design）、展示空间设计（exhibition space design）、公共场所设计（the design of public spaces）等。设计的场地范围大到城市街区，小到展览会上的展示空间，还有家里的精致玄关、客厅和卧室，这些都与环境艺术设计密不可分！

设计是为人类提供便利的工具和良好的生活环境，从而促进良好的人际关系。环境设计尤其如此，环境艺术就是协调人与环境关系，协调室内与室外关系的一门艺术。为了协调这一系列关系，需要设计师考虑空间排列组合与营造，材料色彩的搭配，然后到嗅觉、听觉、触觉，不同季节变化，白昼交替的变化，甚至是历史文化的变化，所以环境艺术设计的过程是精细的，兼顾跳跃式灵感和冷静、细致入微的思考。

环境艺术作为一个专门学科最早出现于日本，在日本被称为室内环境设计（室内环境艺术），起初专门针对传统室内设计缺陷，后来发展成现在的各种方向，但它并不是简单的元素叠加，而是以完善环境关系为重点的创造。

环境艺术作为一门艺术，在形式上艺术表达是不可或缺的；形式与功能是设计的固有矛盾，环境艺术要协调这一对矛盾。丹麦人认为"好的功能就是好的形式"，北欧典雅、简约的设计风格就体现了这一点。在传媒网络高速发展、现代人审美高速提升的今天，人们对形式的要求越来越高，室内设计由高大气派、奢华突兀的造型转变到体贴、自然的形式，这种形式可能是对历史文化和生态环保的理念的表达。例如新加坡于2012年修建的滨海公园 （The Garden by the Bay），科幻场景一样的人造大树支架上布满了植物，仿自然的水体设计，虽为人作，宛自天工!

环境艺术是一门艺术，更是一门改善环境的学科。环境艺术与建筑学相比，更注重建筑的室内外环境的艺术气氛营造；环境艺术与城市规划相比，更注重规划细节的落实与完善。环境艺术就是"艺术"和"技术"的有机结合体。

（2）室内快题设计

室内快题设计是室内设计师快速表达方案的一种特殊形式，是指在有限的时间内完成方案立意、草图方案、方案深入的过程，要求能正确、完整地表达个人的设计想法和空间尺度，尽可能使画面完整、美观。一幅完整的快题作品是设计师综合能力的体现。

在快题设计中，由于时间限制，要求设计者对设计表达有所取舍，并能实现画面的完整性和美观性。当然，这种取舍是建立在扎实的手绘功底之上的，如果徒有想法，而笔不达意，那么效果也将不尽如人意。因此，快题设计考查的不仅是方案设计能力，还有手绘技能。

2. 主要内容

（1）空间设计

空间设计是室内设计的基本内容。空间设计中主要包括对空间的利用和组织、空间界面处理两个部分。空间设计的要求是室内环境合理、舒适，科学与实用功能相吻合，并且符合安全要求。

空间组织要根据原建筑设计的意图和具体要求对室内空间和平面布局予以完善、调整和改造，对不同功能区进行合理连接，并合理安排交通流线。

（2）装饰材料与色彩设计

在选择装饰材料和色彩时，首先要考虑其是否符合功能需求，不同功能空间对材质色彩的要求不同，比如在卧房、餐厅等家装空间设计中，多以暖色调为主，在材质选择上多使用木质装饰材料。其次要考虑设计是否符合整体思想，在快题考试中，往往会给出一个设计主题，这个主题就是考生设计思想的中心。最后要考虑材质与色彩的选择，它是直观表现设计思想的一种方式。要合理地利用材质和色彩的变化，极大地丰富和加强快题设计的表现力，在主色调确定的前提下，灵活、合理地选择各种适应主色调的辅助色系，并根据不同的装饰材料结构，努力营造出主次分明的室内装饰色系，避免因色彩过多导致设计主题不明确的情况发生。

（3）采光与照明

在进行室内照明设计时，应根据室内使用功能、视觉效果及艺术构思来确定灯光布置方式、光源类型和灯具造型。灯具的造型、尺寸、颜色都要与室内的装饰、色彩、陈设等保持风格上的协调统一。

（4）陈设与绿化

陈设是指在室内除了固定于墙面、地面、顶棚的建筑构件和设备外的一切使用或专供观赏的物品。设置陈列品的主要目的是装饰室内空间，进而烘托和加强环境氛围，以满足精神需求。

室内绿化可以使室内环境生机勃勃、令人赏心悦目。常用的绿化形式有盆栽、盆景和插花，目前立体绿化也被运用到室内设计中，但成本非常高。在快题设计中，合理地选择绿化形式可丰富画面层次、增强画面活力。

3. 主要风格

（1）欧式古典风格

在空间上追求连续性，追求形体变化与层次感。色彩鲜艳，光影变化丰富。室内多用带有图案的壁纸、地毯、窗帘、床罩、帐幔，以及古典式装饰画或物件。室内风格华丽，家具、画框饰以金线、金边，给人典雅中透着高贵，深沉里显露豪华的感受。

（2）巴洛克、洛可可风格

巴洛克、洛可可艺术本来指建筑风格。文艺复兴后，巴洛克、洛可可艺术对欧洲室内装饰风格的演变起着至关重要的作用，形成了法式和英式两种典型的室内装饰流派。巴洛克样式雄浑厚觉，在运用直线的同时也强调线型流动变化的特点，具有过多装饰的效果；在室内将绘画、雕塑、工艺集中于装饰和陈设艺术上，墙面装饰多为精美的法式壁毯，同时镶有大型镜面或大理石，或以线脚重叠的贵重木材镶边板装饰墙面，色彩华丽且用金色予以协调；以直线与曲线协调处理的猫脚家具和其他各种装饰工艺的使用，营造了室内庄重、豪华的气氛。洛可可的风格特点为在造型上多用贝壳曲线、褶皱和弯曲形构图分割，装饰烦琐、华丽，色彩绚丽、多姿，具有轻快、流动、向外扩张的装饰效果。

（3）地中海风格

该风格具有独特的美学特点。它在组合搭配上避免琐碎，形态自然，采用简洁明快的装饰线，色彩运用上常选择柔和、高雅的浅色调；使用拱形状玻璃，室内光线柔和，家具为原木造型。

（4）美式乡村风格

美式乡村风格非常注重生活的自然、舒适性，充分显现出乡村的朴实风味。布艺是美式乡村风格中非常重要的元素，棉麻的原色是主流，使布艺的天然感与乡村风格很好地协调在一起。在美式风格中，各种繁复的花卉植物，亮丽的异域风情和鲜活的鸟、虫图案很受欢迎，室内常有摇椅、小碎花布、野花盆栽、小麦草、水果装饰、铁艺等，环境舒适、随意。

（5）日式风格

日式风格的重要特征是视点低，也就是室内的家具都很矮，一进门就是榻榻米，人们可以席地而坐。另外，日式风格中的造型比较明快。室内装饰简洁、变化不多，色彩较单纯，多使用原木本色。

（6）北欧简约风格

北欧简约风格崇尚功能主义、清新简约，家居设计以白色为主，地板材料多为木质，这一切都是为了保证足够的光线反射，营造温暖、恬淡的气氛。北欧简约风格的另一个特点是黑色和白色的使用，黑、白两色在室内设计中属于"万能色"，可以在任何场合同任何色彩相搭配。北欧简约风格在处理空间方面强调室内空间宽敞、内外通透，最大限度地引入自然光。北欧简约风格讲究在空间平面设计中追求流畅感，墙面、地面、顶棚及家具陈设乃至灯具、器皿等，均施以简洁的造型、纯洁的质地、精细的工艺。

（7）中式风格

中式风格主要体现在传统家具（多以明、清家具为主）、装饰品及以黑、红为主的装饰色彩上。室内多采用对称式的布局方式，格调高雅，造型简朴、优美、色彩浓重而成熟。中国传统室内陈设包括字画、匾幅、挂屏、盆景、瓷器、古玩、屏风、博古架等，追求一种修身养性的生活境界。中国传统室内装饰艺术的特点是总体布局对称均衡、端正稳健，而在装饰细节上崇尚自然情趣，花、鸟、鱼、虫等精雕细琢，富于变化，充分体现出中国传统美学精神。

4. 历史与发展

室内设计学科发展历程和现代室内设计演化过程如表 1-1、表 1-2 所示。

表 1-1　室内设计学科发展历程

成长与萌芽	原始时期——朦胧的设计意识
	商与西周时期——进入文明时代
	春秋战国时期——一次重要的转折
	秦汉时期——迎来第一个高潮
高潮与成熟	魏晋南北朝时期——又一次重要的转折
	隋唐五代时期——在新高潮中走向成熟
	宋、辽、西夏、金时期——在高潮间承上启下
完善与总结	元代——承袭传统、略有变异
	明清时期——古典室内设计的完善与终结
	民国时期——西学东渐，进入近代
	新中国成立——现代室内设计飞速发展

表 1-2　现代室内设计演化过程

时段	教学内容	革新与发展
20 世纪 80 年代初期	室内环境装饰	对设计还停留在对工艺美术的肤浅认识阶段
20 世纪 80 年代中期	室内设计、景观设计	开始认识设计的内在规律，并扩充了室外环境，如园林的内容
20 世纪 80 年代末期至 90 年代初期	室内设计、景观设计、城市公共艺术	加强了设计的创意含量，公共艺术成为环境设计的亮点，明确环境艺术是科学、艺术地解决实际问题的应用型学科
20 世纪 90 年代初期	室内设计、景观设计、城市公共艺术、建筑设计	景观设计的理论和实践的发展促使环境艺术的眼光转向，专业方向和职业范围进一步扩展到满足城市广大民居的身心需要的居住、生产和公共空间的规划与设计
20 世纪 90 年代末期至 21 世纪初期	室内设计、景观设计、城市公共艺术、建筑设计、规划设计	把环境艺术设计放在社会发展、城市规划等更为宏观的层面，与景观设计等关系人类环境命运前途的专业一起，以拯救城市、人类和地球为目标的国土、区域、城市的物质空间规划和设计

1.2 应用领域

室内快题设计在实际中有以下应用。

（1）室内快题设计是环境艺术设计专业考研的必考科目

在室内设计相关专业的研究生考试中，通常采用考查快题设计的方法来选拔学生，在最短的时间内考核学生的专业能力、手绘技能和应变能力。大部分高校在初试和复试中都进行快题考试，极少数学校只在复试中进行快题考试，考试时间一般为 3 个小时，少数学校为 6 小时。

（2）室内快题设计是设计公司选拔人才的常用方法

（3）室内快题设计是普通高校环境艺术设计专业的必修课程

（4）室内快题设计是设计实践中的"得力助手"

手绘技能是设计师必备的一项技能，可以用最快速的表现方法把设计想法和灵感表现出来，并及时记录稍纵即逝的设计灵感，提升客户的认可度。

1.3 评分标准

1. 基本要求

（1）信息获取准确

在拿到考题时，考生需在第一时间对考题信息进行精确而又快速的处理，把握出题的重点，了解出题者的意图，在此基础之上快速地在脑海中构思方案，切记不能遗漏要点。

（2）空间功能布局合理

在有了明确构思的基础上，针对题目要求，对室内功能进行合理规划与布局。既要考虑功能的实用性又要考虑其美观性，针对不同的功能区分割空间尺度和形状，利用交通空间连接各功能区，形成一个完整、合理、丰富的空间序列。

（3）手绘技能表达准确

拥有较强的手绘技能是绘制一幅优秀快题作品的前提，熟练而又精准的表达技法不仅能在考试中节省时间，更能为画面增光添彩，吸引阅卷老师的注意。因此手绘技能是快题考试中的一个重要内容。

（4）基础知识掌握到位

快题设计除了美观、表达准确之外，还要具有实用性和合理性，要求设计者对室内设计相关基础知识有一定掌握，不能出现基础性问题。在考试中，有些考题不会明确要求具体的制图规范与功能需求，但是考生也不能忽视，需在快题中将其完整、精确表达出来。

2. 计分标准

快题设计的评分标准跟其他学科有很大的差别，快题设计没有完全标准的答案，评卷过程具有很强的主观性。快题设计由每个学校自主命题，考题具体要求也会因学校而异，但是大体要求是一样的。计分标准见表 1-3。

表 1-3 快题计分标准

总分	150 分
平面图（总平面图）	40 分
透视效果图	40 分
顶面 / 立面	30 分
节点图	20 分
解析图式	10 分
排版与文字（技术指标）说明	10 分

不同学校的考试绘图纸的规格也有差异，一般以 A3、A2 纸最为常见，一些学校要求使用 4 开和 8 开素描纸，极个别学校要求 3 ~ 4 张 A3 纸，如上海大学、深圳大学等，或者是 A1 的图纸，如中国美术学院。因此，在快题学习中应按所考学校的要求进行针对性的练习。

3. 阅卷分档

阅卷老师在评分过程中，首先会把所有的卷子进行分档，然后再进行具体分数确定。当然这个分档依据主要是根据画面的整体效果来判定，因此，在快题设计中，卷面的整体效果至关重要，如果只是某一方面处理得很好，也是很难得到高分的。具体分数值及评分点如表 1-4 所示。

表 1-4　快题分数值和评分点

分数值 评分点	150~130分（A档）	129~110分（B档）	109~90分（C档）	90分以下（D档）
题意	完美切合题意	符合题意	基本符合题意	偏离题意
效果	完整性强	效果完整	效果基本完整	琐碎凌乱
布局	合理新颖	合理规范	基本合理	布局散乱
造型	实用、美观、突出主题	结构完整，符合题意	形体基本准确	结构混乱
细节	细节丰富精彩	画面整洁	表达主次分明	混乱、模糊

注意：此表是根据多年的教学经验总结出来的，可供读者参考。具体得分取决于学校阅卷老师的要求。

1.4 常考题型

在研究生考试中遇到的快题考试题型，基本上都是我们在平时作业中所碰到的题型，也是我们生活中会碰到的比较熟悉的空间。虽然题目要求不尽相同，但一般不会超出我们认知的范围。室内空间总体上可分为家装空间和工装空间，除中南林业科技大学考核家装空间外，其他学校都是以考核工装空间为主。在考试准备过程中，考生需对各类型空间进行针对性练习，才能在考场上做到游刃有余。

研究生室内快题考试中的工装空间类型如表 1-5 所示。

表 1-5　工装空间考试类型及考核概率

空间类型	具体空间举例	考核概率
餐饮类	咖啡厅、茶室、酒吧、中西风格餐厅、快餐店、料理店、风味餐厅等	70%
文教类	教室、阅览室、文化馆、各类大厅等	60%
办公类	办公室、会议室、接待室、设计室、事务所、SOHO 等	60%
商业类	售楼处、酒店大堂、专卖店、书吧等	60%
展示类	展厅、展廊、美术馆、博物馆等	50%
娱乐类	酒吧、KTV、会所等	10%
休闲类	美容美发、俱乐部、网吧、健身房、棋牌室、影院、洗浴中心等	10%
工业建筑室内设计	厂房改造	30%

家装空间主要包括客厅、卧室、餐厅、书房、会客厅等。

研究生室内快题考试中的常考题目类型如表 1-6 所示。

表 1-6　快题常考题目类型

类型	主要特征
纯文字类	通常会给出大量的文字描述，比如尺寸要求、功能要求等，考生需从中选取关键字眼、数据信息等进行分析，然后再进行具体方案设计
图文结合类	题目中给出相应的建筑平面图形状和尺寸，并附加相应说明，要求考生根据图纸要求进行方案设计
主题、概念类	这类题型通常要求考生以某一元素、某一社会热点问题为主题，进行室内空间设计，从要求中推导设计元素，并运用于整个设计方案中。有些题目对具体的空间类型不做任何要求，题目极具灵活性，注重考核考生的设计思维能力和设计的逻辑性。这类题型日益成为众多院校青睐的出题方向，比如以"青春""折叠"为主题等

1.5 考题趋势

近年来研究生入学快题考试总体来说呈现出以下趋势。

1. 考查专业化

更加注重考查室内设计基本功。

2. 思维灵活化

更加关注空间操作能力，反套路、反押题。尤其是对于环境艺术专业的学生，更注重考生个人设计能力、审美能力、创新能力。

3. 综合全面化

要求考生积极应对考题难点，提出合适的应对策略等，对考生进行多方面综合考查。

4. 趋向实际化

注重设计的功能合理性，趋向解决实际问题。

第 2 章

室内快题设计方法

2.1 明确设计主题

设计主题如同作文中的中心思想，是整篇文章的灵魂。在室内设计中，通过对空间的设计可以直接或间接地将设计主题传达给受众，从而产生一定的思想共鸣，在众多快题中脱颖而出。

1. 主题分类

（1）直接性主题

在设计任务书中明确给出主题，以此为切入点，进行设计构思与创意设计。此类题型在考试中通常不对具体的空间类型做要求，考生可灵活选择更切合主题的室内空间，侧重考核学生的设计思维创新能力。部分学校直接性主题真题统计如表1-7所示。

表1-7 部分学校直接性主题真题统计

广州美术学院	2012年 以"简约"为主题；以"置换"为主题
	2015年 以"呼应"为主题；以"传奇"为主题
北京林业大学	2017年 以"城市之窗"为主题
南京艺术学院	2016年 以"漂浮的云"为主题
	2017年 以"折叠"为主题
中国矿业大学	2014年 以"游离"为主题
	2016年 以"九宫格"为主题
	2017年 以"折叠"为主题
长沙理工大学	2017年 以"青春"为主题
华南理工大学	2017年 以"传承与创新"为主题

（2）间接性主题

任务书中没有明确的要求，需要根据题目给出的项目背景提取设计主题。下面以2017年江南大学真题为例进行说明。

2017年江南大学专业手绘初试试题

随着体验经济的盛行，让我们有更多的权利选择好的生活环境，好的学习空间。资源共享也是主流趋势，在大学校园里的公共洗衣房中，空间至少要能容纳10台洗衣机。请根据自己所学专业设计洗衣机相关设施、配件，或进行品牌形象规划等。

① 课题分析及思考，可结合图表进行分析。

② 完成三个不同的构思草图，要求构思清晰、主题明确。

③ 300～500字的设计说明。

此外，还有许多学校的题目中只给出空间类型和建筑尺寸，对设计主题没有任何要求，那么考生可自主设定一个设计主题，以更好地丰富设计，增强设计感染力。如果没有一个中心思想做支撑的话，一方面在设计过程中会比较吃力，另一方面很难吸引阅卷老师的注意。

2. 如何表达主题

主题仅仅是一个抽象概念，在设计中需要把这种抽象的概念转化成空间实体，设计者应对题目中所给出的信息进行整理、筛选、变化，这对很多考生来说是快题设计中的一个难点，不仅需要多看，还要多想、多画。

以售楼部快题为例。设计者以水滴在水面上溅起的水花这一瞬间的形态为设计主题，对水花进行变形与夸张处理，作为空间的主要构成元素，从地面延展至顶棚，很好地把空间层次与设计主题体现出来。

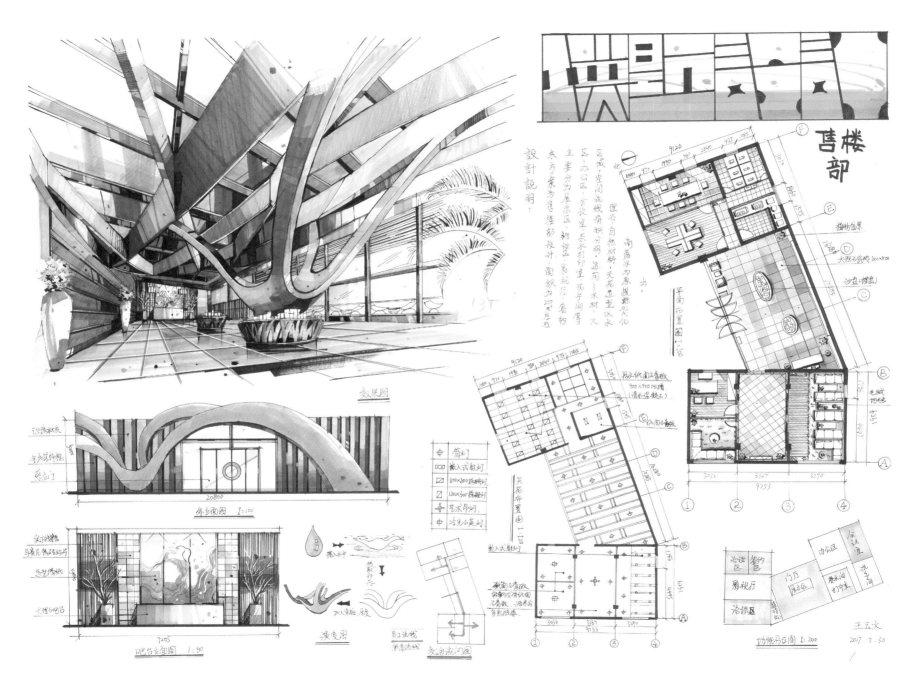

2.2 搜集设计素材

搜集素材时要带有一定的目的性，挑选出优秀的案例作为借鉴，这是一个提升审美的过程。搜集的素材主要包括以下几个部分：平面设计、立面设计、顶棚设计、家具单体设计、整体空间氛围。在方案前期，可以把搜集的素材用手绘的形式表现出来，既能强化记忆，还能提升手绘技能，为后期快题设计打下坚实的基础，想必大家都很羡慕设计大师们的手绘本，只要坚持下来，你也可以拥有一份这样宝贵的财富。

1. 如何获取强"设计感"素材

很多同学经常听到老师说自己的方案缺乏"设计感"，更苦恼于什么是"设计感"。学过设计理论的同学应该能理解，设计与艺术最本质的区别在于其目的性。设计以解决人与环境之间的关系为对象，但同时也具有艺术性，展现出来的作品既符合功能需求，又符合现代人的审美观念，所谓的"设计感"可以理解为一个既具功能性又具审美性的设计感受。由于每个人的审美存在差异，因此没有一个具体的标准来衡量"设计感"的好坏。

搜集设计素材是室内快题设计中的重要一步，这是一个长期积累的过程，素材积累得越多，越有利于方案设计。切忌一味临摹手绘书上的作品，因为手绘书籍上的作品在设计上具有滞后性，很难在设计上有很高的突破。应关注最新设计资讯，多搜集设计素材。

（1）网络

有许多的设计网站、APP、微博等都是素材搜集的途径，如设计本、花瓣网、谷德设计网等，微信公众号（名师联室内设计智库、建E室内设计网、室内设计联盟）。除此之外，还可以去一些有名的室内设计公司或事务所的网站，如吕永中设计事务所、如恩设计研究室、上海萧氏设计有限公司、HSD水平线室内设计。

（2）书籍杂志

可以从图书借阅或者购买相关书籍，如《室内设计师》《室内设计与装修id+c》《INTERIOR DESIGN 室内设计》。书籍上的图片都是经过精心挑选的，可以节省查找资料的时间，同时也能更好地解决考生难以辨别作品好坏的问题。

（3）生活中提取素材

同学们在生活中可以多留意一些设计感较强的空间（像餐厅、书店等），并养成随时拍照积累素材的好习惯。通过亲身体验，提升对空间尺度、造型、质感、色彩的把控能力。

2. 素材类型

（1）室内家具

家具作为人们生活、工作中必不可少的用具，必须满足人们生活的使用需要，还要满足人们一定的审美要求。在软装设计中，家具的地位至关重要，室内设计风格基本是由家具主导的。因此，在设计过程中，应着重考虑家具设计与整体空间风格的一致性。

家具的风格特点有许多，有浪漫、华贵的欧式古典风格家具，舒适、气派、实用和多功能的美式风格家具，时尚、奢华、唯美的后现代风格家具，前卫、简单的现代风格家具，以及我国的中式家具等。精挑细选的家具和科学的摆放方式能提高居住者的生活品质和舒适感。

桌椅

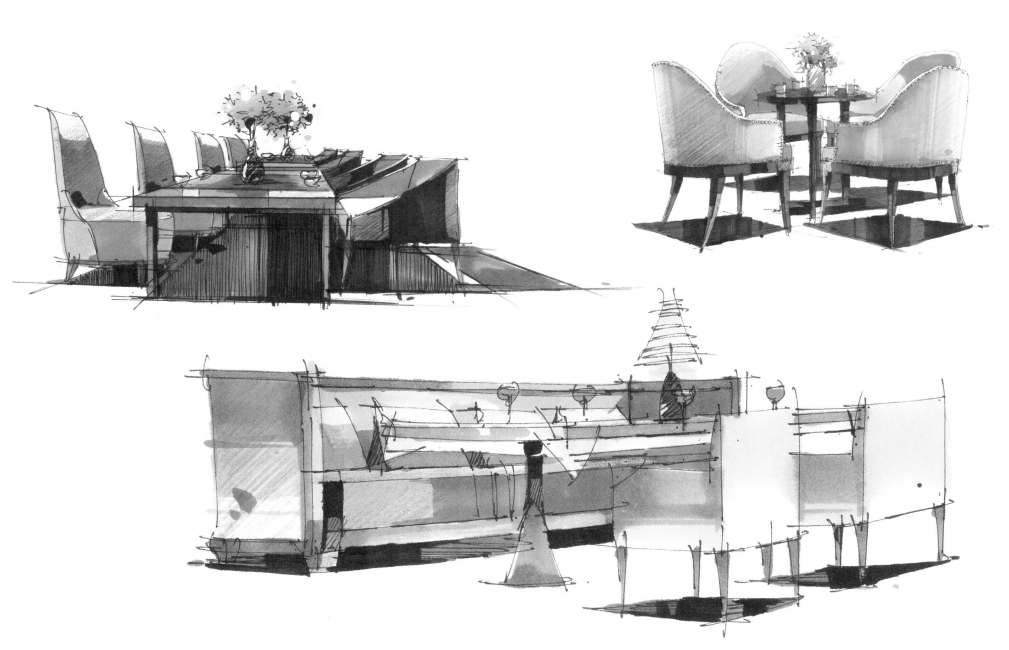

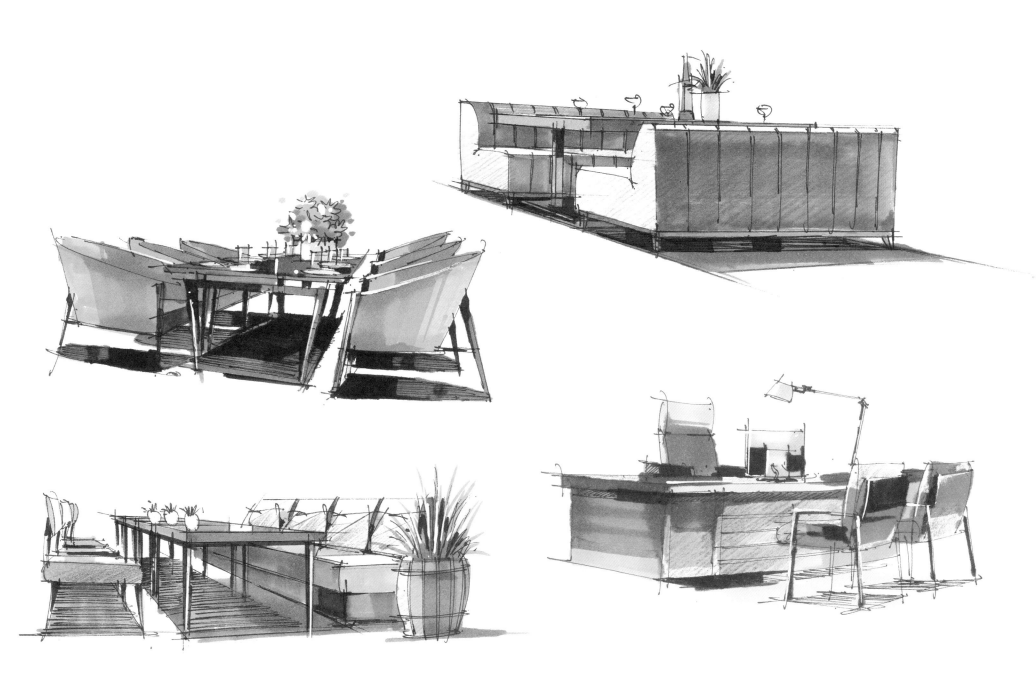

灯具

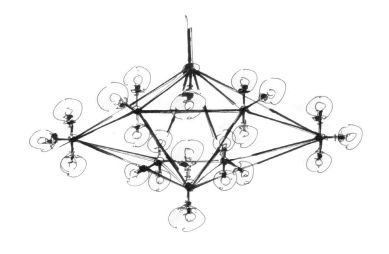

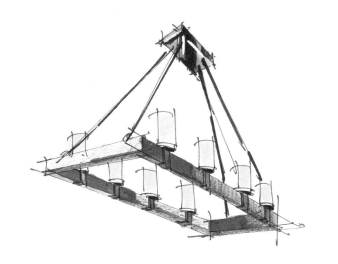

沙发

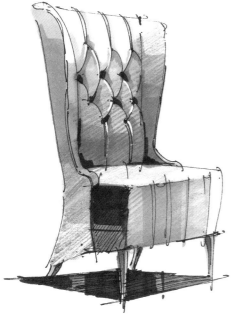

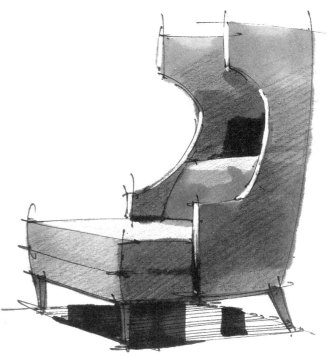

书架

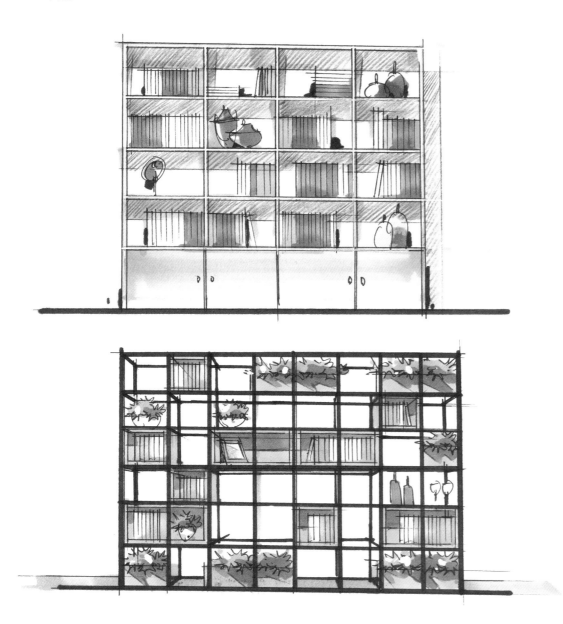

（2）室内绿化

在室内空间设计中，绿化植物具有以下作用：a. 净化空气、调节气候；b. 组织空间、引导空间；c. 柔化空间、增添生机；d. 抒发感情、营造氛围；e. 美化环境、陶冶情操。家居绿化陈设主要包含玄关、客厅、卧室、餐厅、书房、厨卫、过道及阳台等空间。在进行绿化陈列设计时需要遵循在不同的空间中进行合理、科学的"陈列与搭配"，目的是营造舒适、宜人的空间氛围。每个空间的绿化技巧、创意等方面进行主题设计的基本原则有如下几点。

① 从空间"局部—整体—局部"的角度出发，对室内空间进行空间结构规划。

② 针对空间的整体风格及色系进行花艺的色彩陈设与搭配。

③ 运用绿化设计的技巧将花艺的细节贯穿室内设计，保持整体家居陈设的协调、统一。

④ 要进行主题创意，使花艺与陶艺、布艺、地毯、壁画等家饰拥有连贯性，在美化室内环境的同时提升室内陈设质量。

（3）靠枕

靠枕使用舒适并具有其他物品不可替代的装饰作用。人们可以用靠枕来调节人体与座位、床位的接触点，以获得更舒适的角度来缓解疲劳。靠枕使用方便、灵活并适用于各种场合环境。

靠枕的装饰作用较为突出，通过靠枕的色彩及材质与周围环境进行对比，能使室内家具陈设的艺术效果更加丰富多彩，靠枕能够活跃和调节环境氛围。常见的造型是圆形与方形，此外还有三角形、心形、圆柱形、椭圆形等形状。

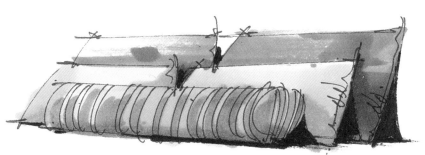

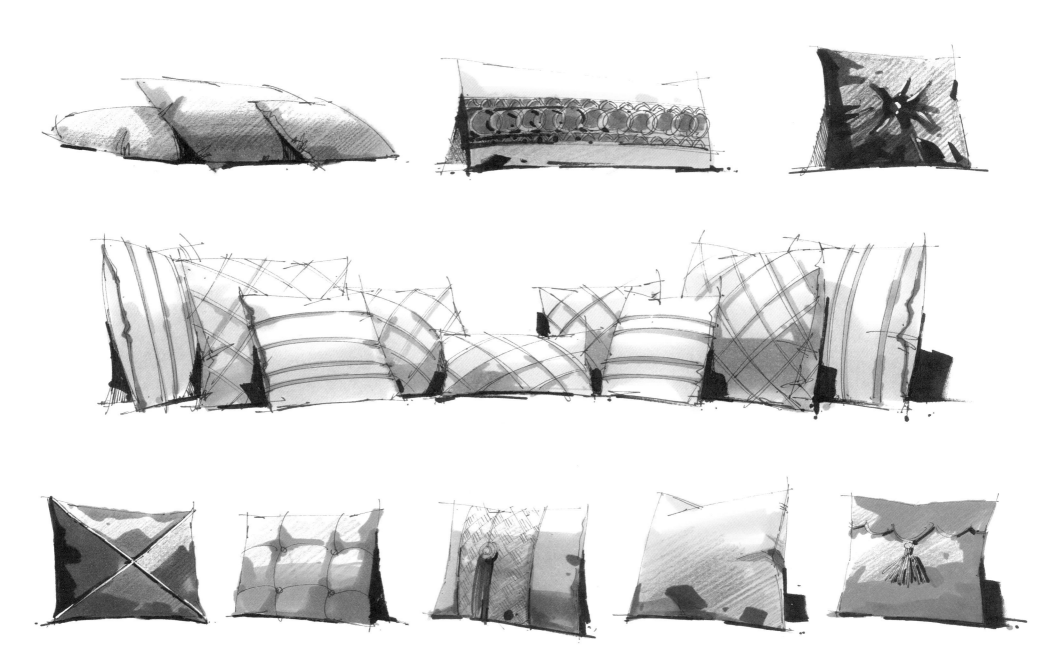

（4）床品

　　床是卧室布置的主角，床上布艺在卧室的氛围营造方面具有不可替代的作用。床品的花色与色彩的选择都要遵循室内整体色调，与窗帘、地毯的色彩要有一定的呼应。

　　床品的风格特点多样，主要有中式风格、现代风格、田园风格、地中海风格和欧式风格。

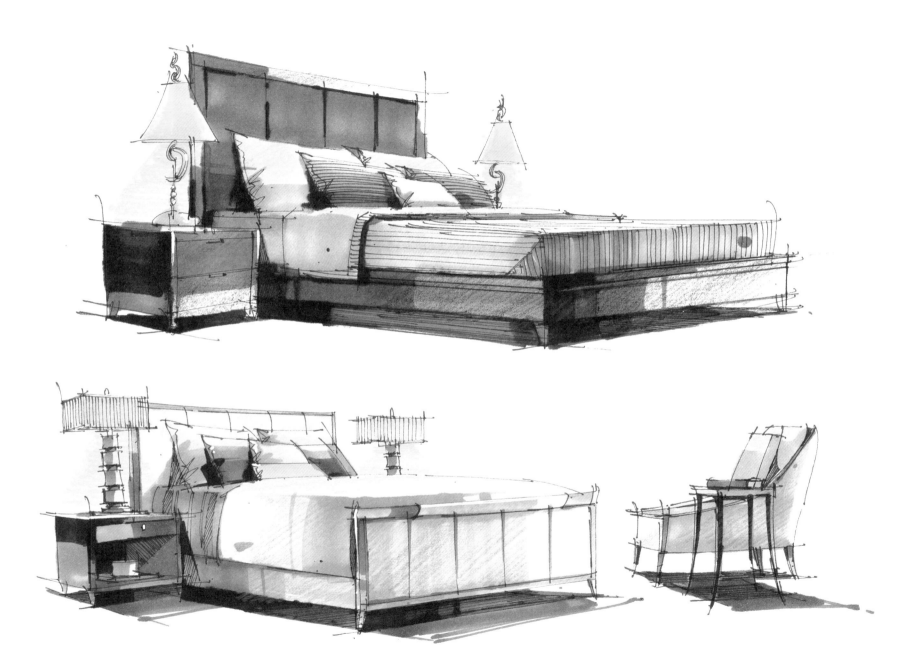

（5）其他

此外，人物可以体现室内空间尺度、丰富画面。展示商品、售楼部沙盘及各种吧台的设计等都可以通过平时积累，以在快题设计中熟练运用。

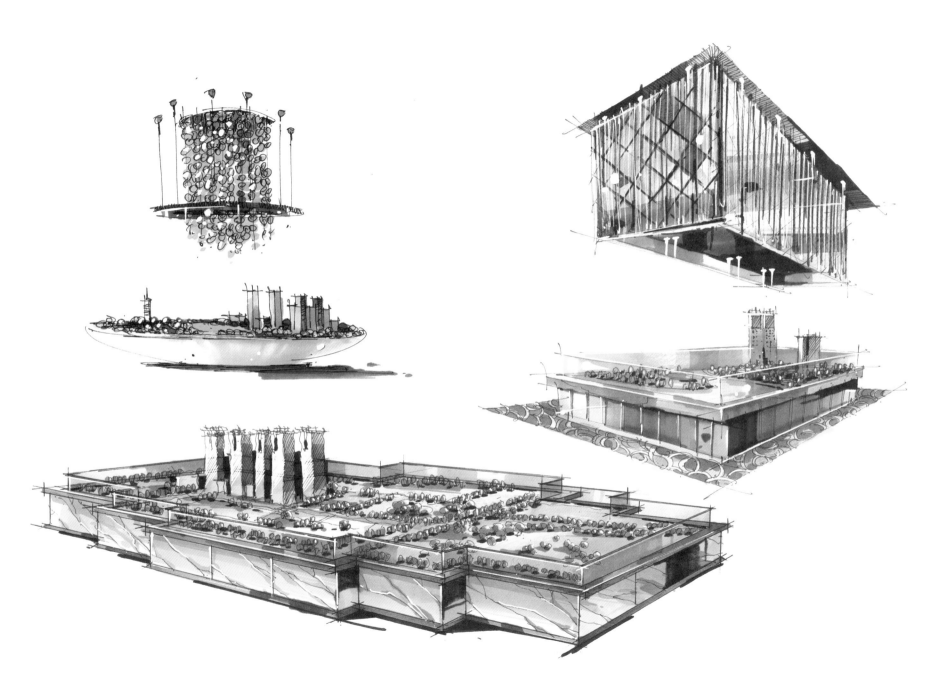

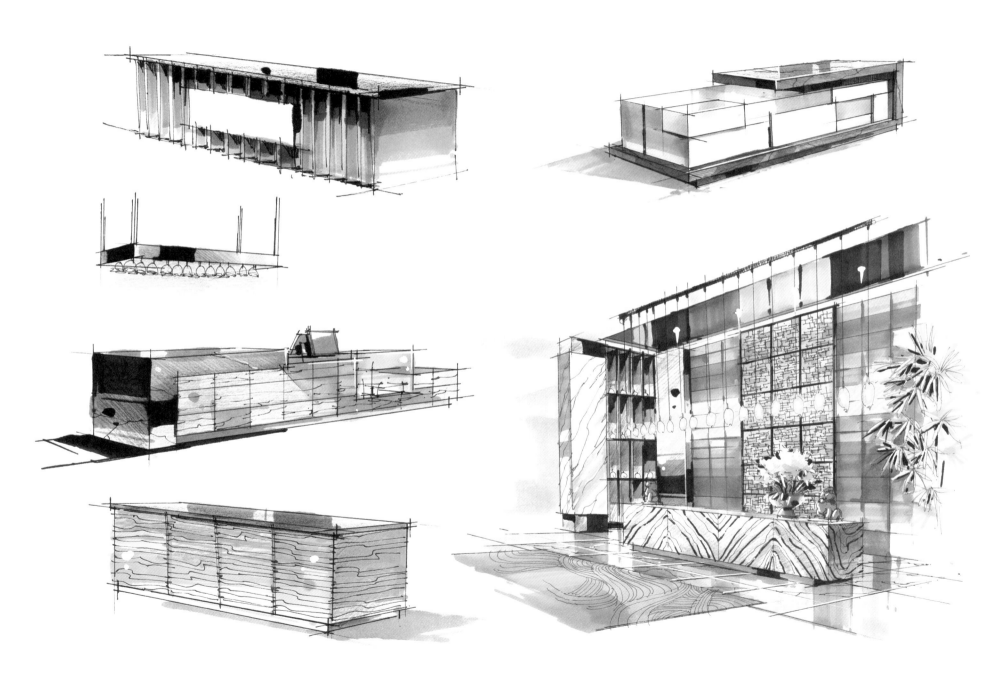

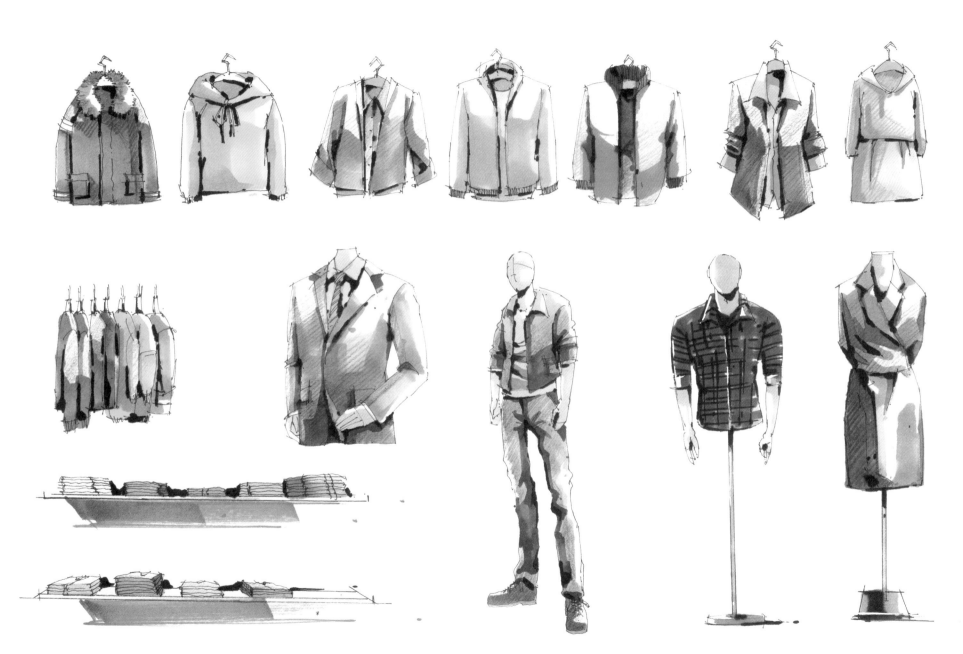

3. 设计草图

　　草图表现是设计师必备的一项技能，是设计师表达方案构思的一种直观、快速而生动的方式，也是方案从构思迈向现实的一个重要过程。

　　草图本身具有快速、方便的优点，在平时多做草图练习，对快题表现有很大帮助。草图表现不需要刻画太多的细节，只需要把整体大空间和各物体间的位置关系及材质表现出来即可。草图表现技法具有很强的灵活性，使用草图笔、针管笔、铅笔、圆珠笔等能表现出不同风格的草图，在草图中还可以标注物体的材质、名称、具体构造方法等注释，丰富方案与整体效果。

　　在考研快题的准备过程中，多积累一些草图方案，可提升设计能力，增强自身竞争力，毕竟当前考研快题越来越注重考查学生的设计能力，只有把手绘与设计完美地结合在一起，才能做出更优秀的快题。

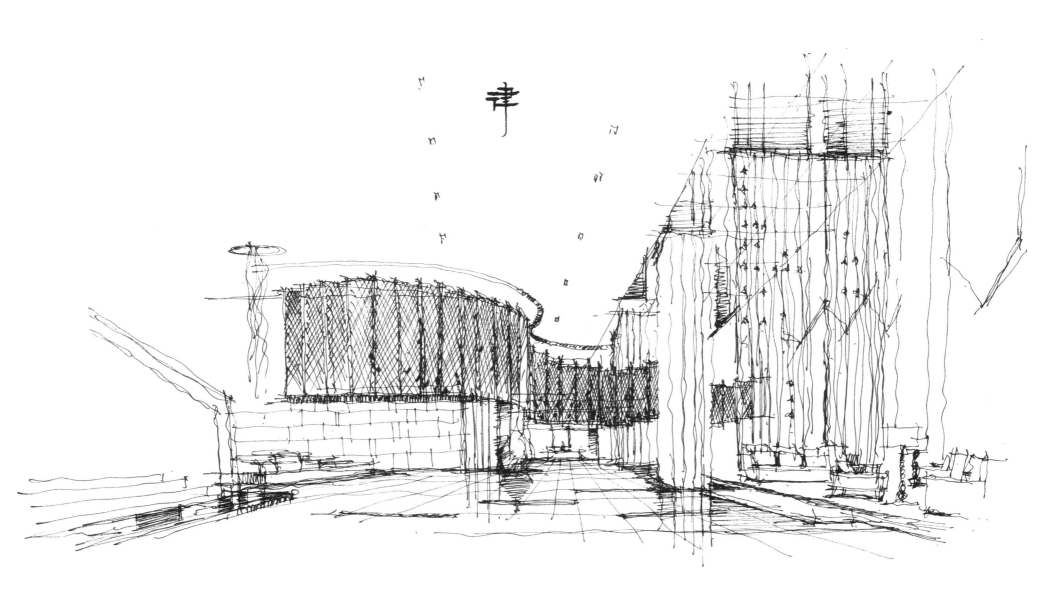

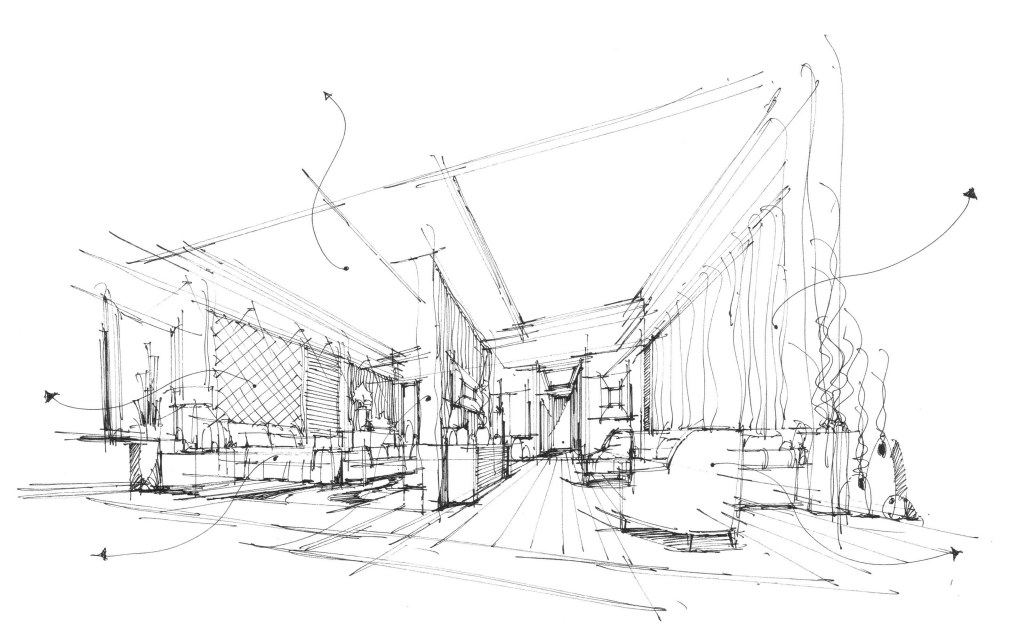

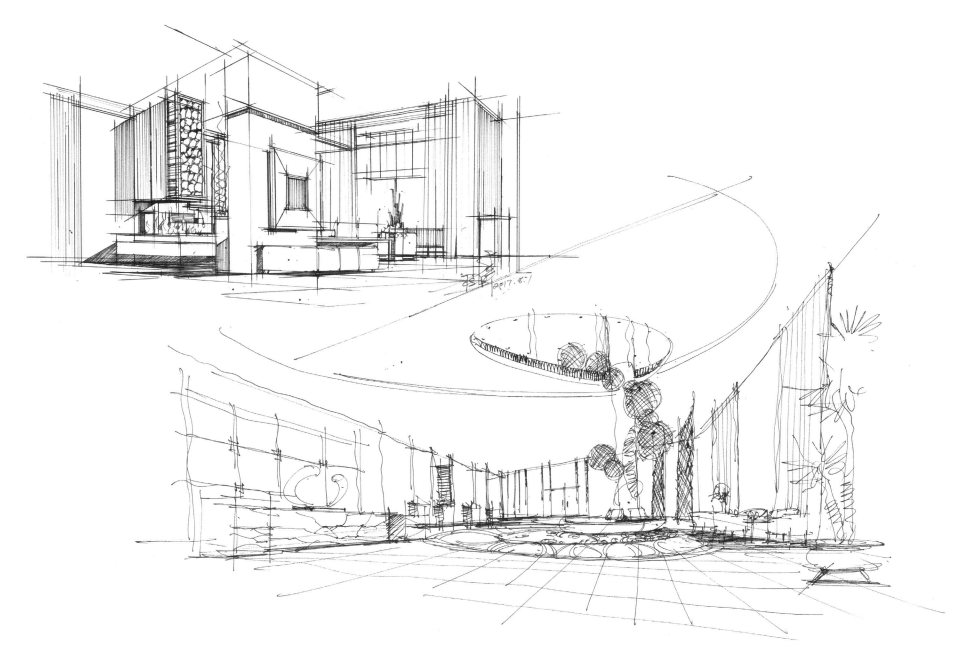

2.3 素材提取与运用

1. 直接借鉴设计元素

设计师的灵感来源于多年的积累与经验，对于考生来说，设计实践和知识积累相对缺乏，设计能力还须加强，因此多学、勤思是我们现阶段的任务。

很多同学在刚接触快题时，总是不知道该如何下手，这是因为脑子里没有东西，也没有足够的设计经验。在这种情况下，可以采用借鉴的方法，将现成设计方案中好的设计元素直接运用到自己的快题设计中，这也是初期学习较为有效的手段。具体方法如下。

（1）室内元素借鉴

直接借鉴室内设计方案中的设计元素，难度小、好把握。

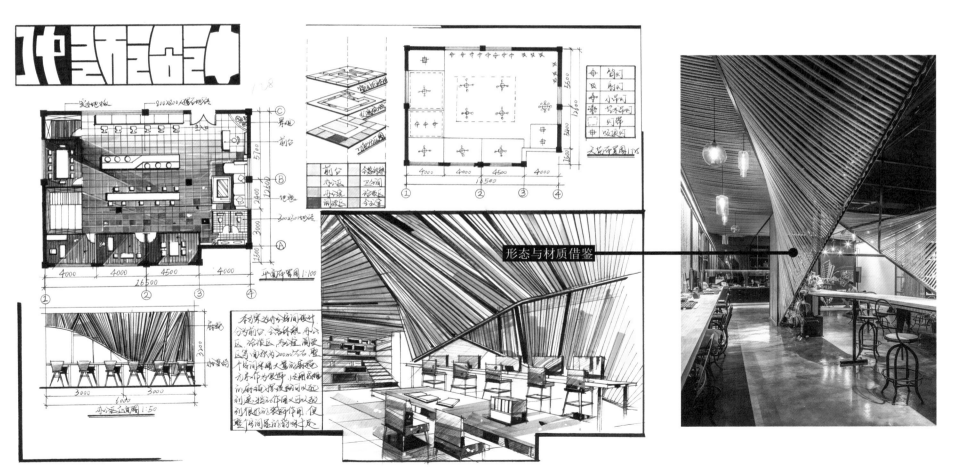

形态与材质借鉴

（2）室外元素借鉴

将一些构筑物造型、建筑造型、景观小品造型、植物等室外场景融入室内设计中，难度偏大，需考虑室内空间尺度问题。

从传统建筑中提取"青瓦"这一元素，通过重新组合，将其运用到室内立面设计中，与新中式的设计风格完美结合，别有一番韵味。这种设计既具有文化意义，又有返璞归真之感，体现了生态、自然、淳朴、诗意等主题，发挥了中国传统文化的价值与意义。

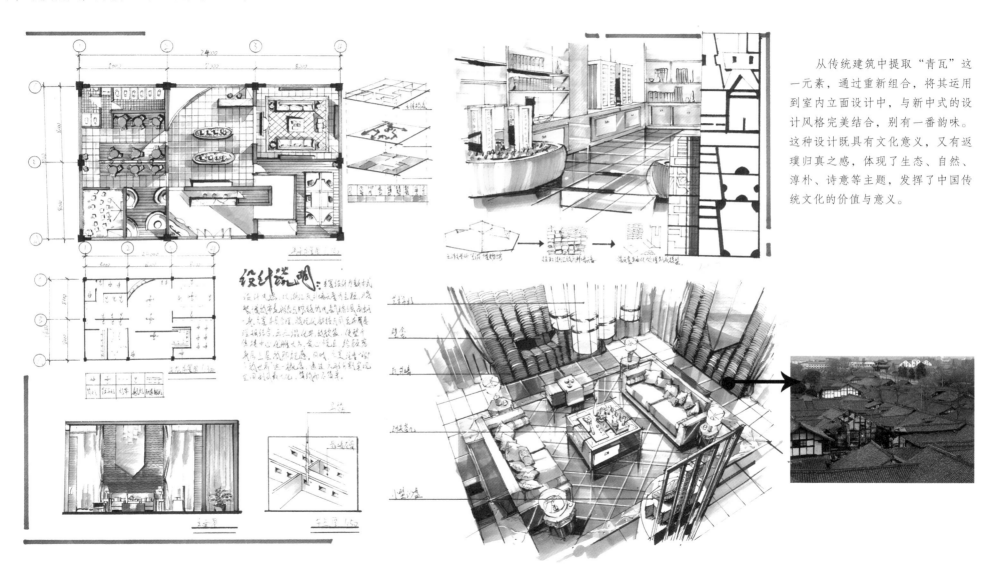

2. 室内素材的重组、转换和再创造

并不是所有的设计素材都能直接为我们所用，为了让设计更好地贴合空间的功能、大小及设计主题，很多设计素材必须经过重新组合、再创造才能使用。具体方法如下。

（1）元素放大

以下图为例，此设计方案为科技展厅。该同学在进行方案设计时以钻石为灵感来源，将其放大、变形，设计特点深入人心。同时用色大胆，又不失协调，视觉冲击力强。该生在快题设计过程中，具有很强的独立思考能力，每套方案都具有自己独到的想法，在考试中基本不会出现撞图的可能性。

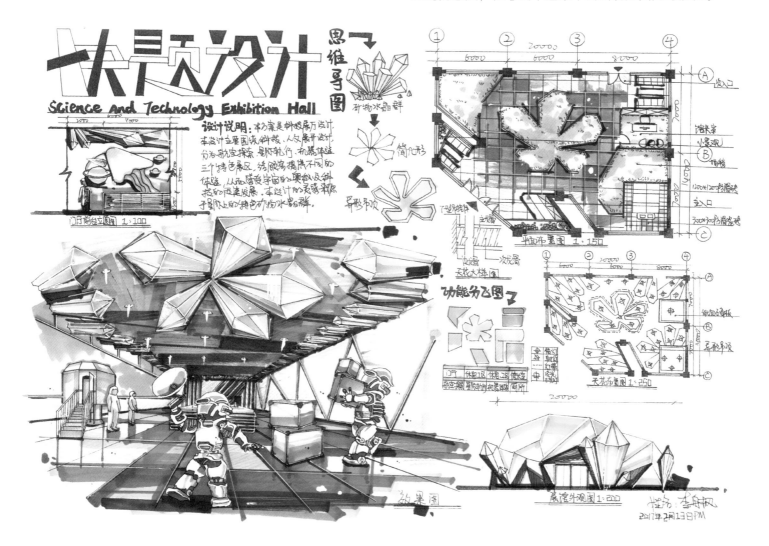

（2）元素变形

此方案为专卖店设计，作者以鸟笼为设计元素，将其打散、变形，提取其中的

一部分概念，将其运用到展示架、顶棚等空间设计中。该方案既具有设计的形式美感，又能满足功能性和设计实施的可能性，是一个甲方愿意为之埋单的好方案。

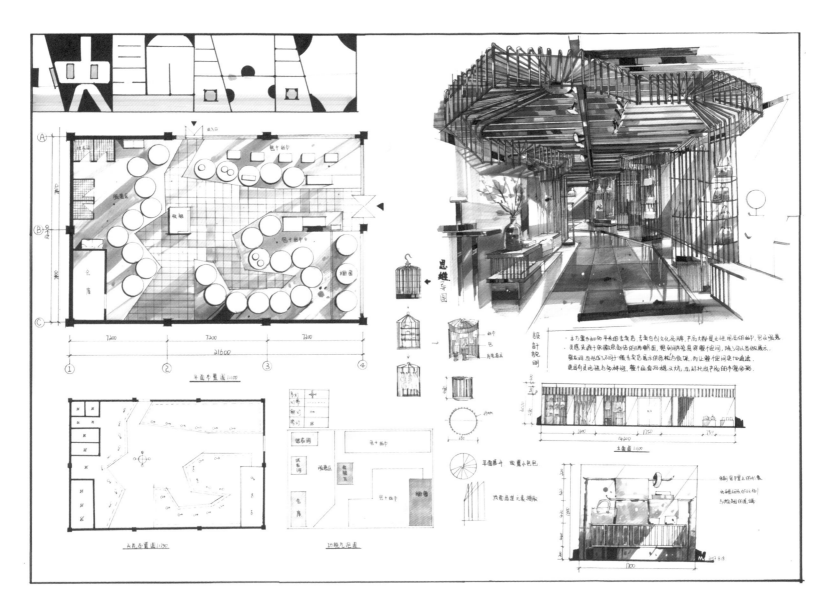

（3）元素重复

以售楼部设计的快题为例，顶棚设计采用盒子的元素，进行反复堆积，给人营造出很强的视觉冲击力。但在使用这一元素时要注意把握好透视与前后的空间关系。

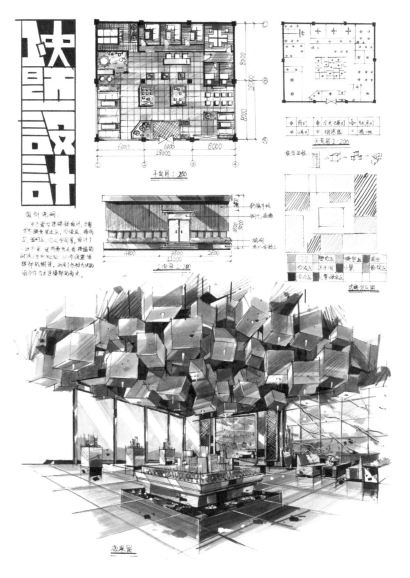

2.4 室内快题设计原则

1. 完整性原则

快题设计的完整性主要表现为三个方面。

（1）题目要求完整性

在考试中一定要仔细阅读题目，标记重点要求，并在卷面中将其完整地体现出来，切记不能遗漏重点，因为任何一个遗漏点都会成为阅卷老师的扣分点，进而影响总分。

（2）功能布局完整性

在平面布局设计中，不同性质的空间具有不同的空间功能需求。在考题中，不会把空间设计的具体需求详细地列出来，这就需要考生发挥主观能动性，把平时学到的相关知识运用到考试中，这也是考查考生专业素养的一个方式。因此，考生需紧扣题目，对各功能区进行合理、完整的布局。

（3）画面效果完整性

在考试中最忌讳的就是没画完，没画完就意味着快题不及格，在考试中不能因对某一部分进行着重刻画，从而忽略了画面的完整性。考试中无论题目难易都要尽量完成整个快题，不能半途而废。

2. 整体性原则

画面的整体效果突出是赢取高分的先决条件，整体性原则主要体现为以下几个方面。

（1）设计的整体性

室内快题设计主要由平面图、立面图、效果图三部分组成，三个主要部分在风格、表现技法、色调上都要协调、统一。平面图设计要主次关系明确，各功能空间既要相对独立，又要有一定的连贯性，从而达到和谐、统一的状态。在效果图的表达与设计上，要注重突出设计主题，注重软装与硬装风格搭配的统一性。立面设计表现要与效果图一致，立面图与效果图应为一个有机整体。

（2）构图的整体性

一个完整、漂亮的排版与构图能为试卷加分，构图上要考虑不同重要程度的图在画面中所占的比例，做到主次分明，突出视觉中心，引导阅卷者的惯性思维顺序。在排版中，还可以通过标题、分析图、设计说明等次要构成要素来衔接各画面要素，注重画面秩序感。

（3）表达的整体性

在表现技法上要统一，每张图纸之间的表现技法要和谐、一致，如果效果图使用马克笔表现得很精细，而立面图、平面图则采用彩铅淡淡地画了一层固有色，那么整体画面效果就失去了平衡，导致头重脚轻、整体效果弱的情况发生。

3. 准确性原则

（1）设计要求准确性

有些考题中明确了平面图的尺寸、形状、柱网和窗户位置、入口位置、周边环境、层高、主要功能区、设计主题，那么在答卷中必须严格遵循这些要求，进行合理设计。在只给出设计主题的情况下，自主定位空间功能，把设计主题准确地体现出来。

（2）技法表现准确性

首先，不同氛围的空间在色调上的要求不同，比如酒吧与书吧就是两种完全不同的空间，需要表现出两种完全不同的氛围；其次，不同材质的表现方式也会有所区别，以地砖和地毯为例，地毯所需的柔软质感与地砖所需的坚硬质感形成对比，玻璃的强反光与亚光材质的表现技法有所差别，因此在技法上需加强基础练习，到

考试的时候才能准确处理不同材质之间的区别；最后，要注意控制笔触大小和位置，以避免出现表现粗糙、不准确的情况，为解决这一问题，需要考生多练习、熟能生巧。

4. 突显性原则

综合各校考研快题情况后我们发现，现在的考试试题越来越灵活，单凭几个模板来应对考试已经不具竞争力。因此，在快题设计中，应在掌握基础技法的前提下，在设计上突显主题和考生个人设计想法，在设计风格上可更偏向于所考学校偏爱的风格。美院的考题难度偏大，非常注重考生的设计思维的灵活性和创新性，一般综合性院校目前还是比较倾向于中规中矩的风格，但也不能忽视方案设计的重要性。

2.5 室内快题设计应试方法

考研不同于高考，考研的淘汰率更高，挑战性更强。考研是一场孤独的复习之旅，不像高中那样既有老师辅导，又有共同奋战的同学，这就需要考生具备强大的内心与自制力。既然决定考研，就希望每个同学都能付出百分之百的努力。环境艺术专业快题的考试时间为 3~6 小时，要在这么短的时间内完成一整套完整的方案是有一定难度的，需要具有很强的反应能力和表现能力。在考试中难免会产生紧张情绪，考生需充分做好考前准备，在考试中保持最佳状态，将自己的最佳水平发挥出来。

1. 考前心态调整

心态是影响考试结果的一个重要因素，无论是 3 小时快题，还是 6 小时快题，考生都会面临巨大的时间压力。由于快题设计与其他科目不同，具有很强的主观性，对于同一个题目，每个考生给出的答卷千差万别，同一个人在不同心理状态下给出的答卷也会有所差别。因此，在考前一定要进行系统的设计构思训练、技法训练和速度训练，这样更利于保持一个良好的心态去应对考试。在考试时要沉着冷静、仔细审题，发挥出自己的正常水平，与此同时，考前要休息好、注意饮食，保持良好的身体状态和心理状态。

2. 工具准备充分

工欲善其事，必先利其器。画图工具直接决定了画图的效率。在考试时一定要选择平时练习中用得熟练的工具，以防在考试途中因不熟悉工具而影响作图速度和质量。下面为大家介绍一些常用的工具。

（1）铅笔（自动铅笔／铅笔）

在打稿时下笔不要太重，不然最后擦铅笔线的时候会擦不干净，并且还会有把纸擦破的风险。因此不要选择太软的铅笔，例如 2B、4B 铅笔等，推荐使用红环、百乐等牌子的自动铅笔。

（2）绘图笔

上墨线是快题设计中最重要的一个步骤，常用的墨线工具有晨光签字笔、樱花针管笔、钢笔等。针管笔一般选择 0.1 mm、0.3 mm、0.5 mm 三种型号。根据线稿的精细程度和制图规范选择不同粗细的笔，通过运用线条粗细、虚实变化，交代出物体之间的前后关系和虚实关系，增强画面生动性。

（3）马克笔

马克笔是快题设计上色时常用的工具，马克笔具有携带方便、上色快等优点。市场上卖的马克笔牌子有许多，价位也千差万别，马克笔的颜色差别也大，因此要尽量避免使用高纯度的颜色。我们平时用较多的、价格实惠的马克笔有 Touch、法卡勒、千彩乐、STA 斯塔等，价格较贵的马克笔有 AD，大家可根据自己画图的习惯选用。

（4）彩铅

彩铅在马克笔绘画中一般用于后期调整，即对物体材质的刻画、对马克笔无法实现的细节颜色变化进行补充与完善，建议选择质感偏软的彩铅，推荐的牌子有马可、施德楼。

（5）绘图纸

在大部分考试中都是学校提供纸张，有些学校要求考生自带绘图纸，考生应阅读相关文件了解纸张的要求，在考前做好充分准备。

（6）相关尺规工具

对于在考试中能否使用尺规一般是不做要求的，考生可根据作图习惯准备好三角板、比例尺、圆模板等工具。室内快题考试常用比例为 1 ：25、1 ：50、1 ：100、1 ：150、1 ：200，考试中尽量选择大比例尺，能节省算比例的时间。

3. 考试时间分配

① 养成良好的审题习惯，不可偏题、跑题，不能遗漏题目要求，千万不要等到动手完成或者完成了一大半才发现问题。

② 思考方案的时间严格控制在 30 min 之内，如果实在没有新的灵感，可运用考前积累的模板，一边画一边按照命题内容进行修改、推敲。

③ 由于时间限制，需要考生自行控制上色的时间与色彩量。没有快题能画得和临摹照片一样细腻，将基本明暗关系，色彩关系表现清晰即可，在此基础之上添加点睛的笔触和色彩就更完美了。七分线稿三分上色，多用线稿表现体量明暗关系，多在线稿上下工夫，细致刻画结构线条，这样即便只是简单的色彩也不会影响画面的完整性。

④ 快题考试既是体力活也是脑力活，请带好绘图装备，同时也不要忘带补充体力的巧克力、糖和水。每画完一个步骤，就喝一小口水，以缓解紧张的心情，有些学校的快题考试中途有休息时间，考生可利用这些时间检查试题。

⑤ 无论是时间不够还是提前完成作品，最后都要留 5~10 min 的时间检查画面，比如考生信息是否填写，比例尺、标注等是否出现遗漏。快题考试时间分配和答题过程见表 2-1、表 2-2。

表 2-1　快题考试时间分配

3 小时快题		4 小时快题		6 小时快题	
认真审题	10 min	认真审题	10 min	认真审题	10 min
构思方案	10 min	构思方案	20 min	构思方案	20 min
平面线稿	30 min	平面线稿	50 min	平面线稿	60 min
剖、立面线稿	20 min	剖、立面线稿	20 min	剖、立面线稿	60 min
效果图及其他线稿	40 min	效果图及其他线稿	60 min	效果图及其他线稿	90 min
整体上色	60 min	整体上色	70 min	整体上色	110 min
检查（考卷填写、查漏补缺）	10 min	检查（考卷填写、查漏补缺）	10 min	检查（考卷填写、查漏补缺）	10 min

表 2-2　快题考试答题过程

1	审题，认真阅读试卷，对关键词进行标记，以防在绘图过程中遗漏题目要求
2	先用铅笔在纸上写下思路，然后在卷面上轻轻勾勒出各内容的摆放位置，注意排版，并绘制构思平面设计草图
3	构思完毕后，用泡泡图的形式在平面图上进行简单的功能分区（区分动静空间），用铅笔勾勒出效果图、立面图、顶棚的草图
4	深入完成平面图、立面图、剖面图、效果图，开始用墨线勾勒。完成平面标注，包括尺寸、轴线、材质、功能、图名、比例尺等
5	初步上色，完成明暗关系；进一步上色，保持整体效果，完善细节，表达清楚不同材质的质感，并且用黑色马克笔在平面图上绘制物体投影，增强层次感；最终上色，加强细节处理，在高光处用涂改液与提白笔适当上些颜色
6	写设计说明，完善分析图等小图，并完善和检查图名、比例尺、尺寸、标注等。检查姓名，对照考试要求查漏补缺

第 3 章

室内快题设计
内容

3.1 平面图

平面图是设计方案中的一个重要部分，是考生表达设计意图的方式，也是阅卷老师判断考生设计能力是否达标的直接依据。因此，平面图在评分中所占的比重最大。室内各功能空间的布局、室内人流动线、各家具陈设方式都要在平面图中清晰地体现出来，除此之外，还要注重平面图的美观性。

1. 绘制要点

① 合理组织室内各功能区，比如开放性空间、私密性空间、半私密性空间。

② 清晰地布置交通流线，流线组织是否合理将直接影响到空间的使用的质量。

③ 准确表达平面图各物体之间的大小关系，比如餐桌家具大小、地砖的大小等都要在一个比例范围内。

④ 准确表达各物体之间的位置关系，比如门窗的位置、绿化的位置等。

⑤ 把握好不同功能区之间的地面铺装材质变化，可利用铺装的变化分割功能空间。

⑥ 局部交代平面图上有高度的物体的投影，强调物体与地面之间的空间关系，丰富平面图层次。

2. 表现内容

① 墙体、隔断、门窗、各空间大小及格局、家具陈设、室内绿化、地面材质等。

② 标注尺寸、轴线编号。

③ 注明地面材质及规格。

④ 注明各空间名称。

⑤ 注明室内地坪标高。

⑥ 注明详图索引号、图例及立面内视符号。

⑦ 注明图名和比例。

⑧ 必要时辅助文字说明。

3. 常用设计方法

（1）横平竖直

这是一种常见的平面布局方式，整体平面布局成矩形网格状，但要注意不同方格空间的节奏与韵律，其优点是空间规整、较好掌控，其缺点是效果图表现力偏弱。

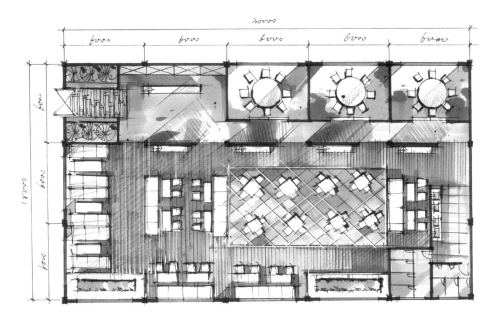

（2）转角形式

这种形式普遍运用于入口处，一般入口与空间的角度为 45°，以便进行视觉引导。空间布局的主要形式也随 45°网格转角展开。其优点是空间布局形式灵活、新颖，其缺点是容易产生空间死角，如运用不当会导致空间拥挤、降低空间使用率。

（3）曲线形式

运用流畅的曲线形成丰富多变的空间形态。其优点是形式优美浪漫，空间形态丰富多变，更能展现考生的设计想法与能力，表现效果往往比较突出，其缺点是造价高、效果图不好把控。

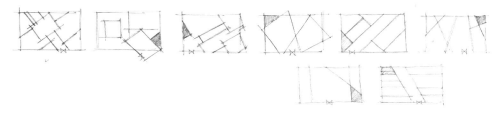

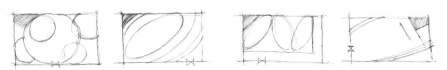

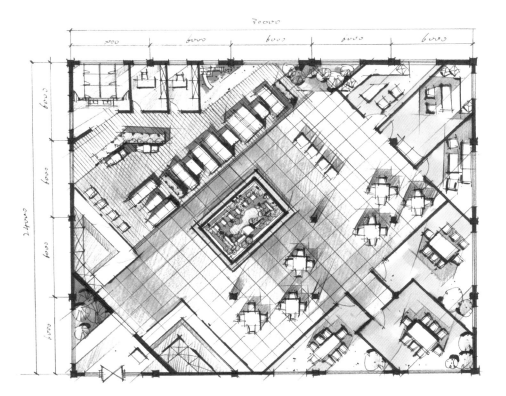

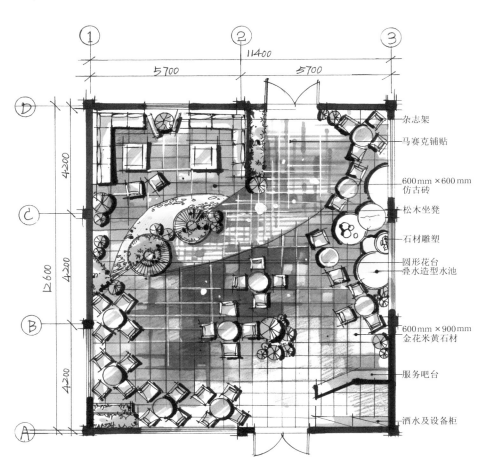

4. 常用材质与表现

在材质表达上，难度最大的就是地毯的质感表达和地毯样式风格的选择。想要

表达出地毯柔软的质感，笔触控制是关键，既要整体又要富有变化，与地砖的表达需要有所区分。

5. 制图规范

（1）室内设计制图常用线型

室内制图常用线型如表 3-1 所示。

表 3-1　室内制图常用线型

名称		线型	线宽	用途
实线	粗	——————	b	主要可见轮廓线，平、立、剖面图的剖面线
	中	——————	$0.5b$	空间主要转折面及物体线角等外轮廓线
	细	——————	$0.25b$	地面分割线、填充线、索引线、尺寸线、尺寸界线、标高符号、详图材料做法引出线
虚线	粗	‑ ‑ ‑ ‑ ‑	b	详图索引、外轮廓线
	中	‑ ‑ ‑ ‑ ‑	$0.5b$	不可见轮廓线
	细	‑ ‑ ‑ ‑ ‑	$0.25b$	灯槽、暗藏灯带、定位轴线
单点划线	粗	— · — · —	b	图样索引的牙轮廓线
	中	— · — · —	$0.5b$	图样填充线
	细	— · — · —	$0.25b$	中心线、对称线、定位轴线
双点划线	粗	— ·· — ··	b	假想轮廓线、成型前原始轮廓线
	中	— ·· — ··	$0.5b$	
	细	— ·· — ··	$0.25b$	
折断线		─╱─	$0.25b$	图样的省略截断画法
波浪线		∼∼∼	$0.25b$	断开界线

注：标准实线宽度 b=0.4~0.8 mm，表中的 b 指基本宽度。

（2）尺寸标注与文字标注

线性尺寸指长度尺寸，单位为 mm。它由尺寸界线、尺寸线、尺寸起止符号和尺寸数字四部分组成，如下图所示。

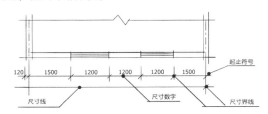

尺寸界线用细实线绘制，与被注长度垂直，一端离开图样轮廓线不小于 2 mm，另外一端超出尺寸线 2~3 mm，图样轮廓线可用作尺寸界线。尺寸线用细实线绘制，与被标注长度平行。尺寸起止符号一般用中粗斜短线绘制，与尺寸界线呈顺时针 45°，长度为 2~3 mm。

尺寸数字应标注在尺寸线上方中部的位置。对于室内设计图中出现连续重复、不易表明定位尺寸的构配件时，可在总尺寸的控制下，定位尺寸用"均分"或者"EQ"表示。常用字高度为 1.8 mm。

图样中的汉字应采用简化汉字，字体为长仿宋。

（3）比例尺和图名

平面图的比例尺确定要根据考题所给出的建筑面积大小和考试纸张大小来确定，比例尺的选择多为 50 的倍数，以 A3 纸为例，100 m² 以下的空间多用 1：50，200 m² 左右的空间多用 1：10，300 m² 以上的空间多用 1：150，一般室内快题设计中这三个比例尺使用得较多。

图名的标注形式为粗实线在上，图名写于粗实线上，比例紧跟其后，但不在双线之内，如下图所示。

平面布置图　1：100

（4）定位轴线

定位轴线采用单点划线绘制，端部用细实线画出直径为 8~10 mm 的圆圈。横向轴线编号应使用阿拉伯数字，从左至右编写，纵向编号应用大写拉丁字母，从下至上顺序编写，但不得使用I、O、Z三个字母，如下图所示。

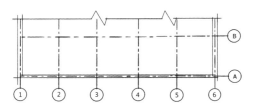

附加定位轴线编号，应以分数形式按规定进行编写。两根轴线之间的附加轴线，分母表示前一轴线的编号，分子表示附加轴线的编号，编号宜用阿拉伯数字顺序编写，如下图所示。

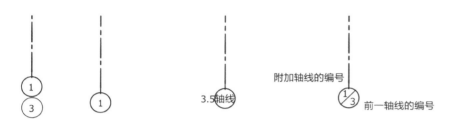

一个详图适用于几个轴线时的注法　　　　通用详图的轴线号注法　　　　在两个轴线之间如有附加轴线时的注法

（5）立面指向符号

立面指向符号用于表示室内立面图的位置及编号。立面指向符号由一个等边直角三角形和细直线圆圈组成。等边直角三角形的直角所指的垂直截面就是立面图所表示的界面。圆圈上半部分的字母或数字为立面图的编号，下半部分的数字为该立面图所在的图纸编号，快题中一般只有一张图纸，因此图纸编号可用一条横杠表示。如下图所示。

6. 平面参考

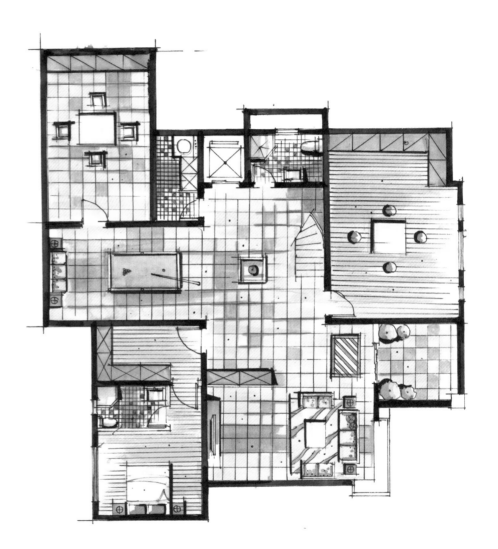

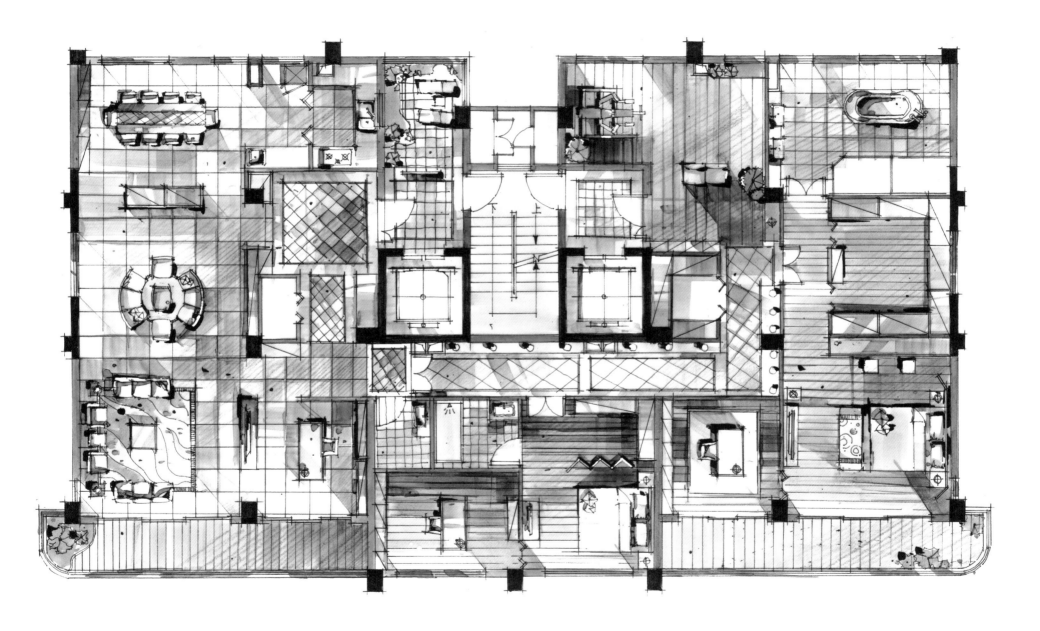

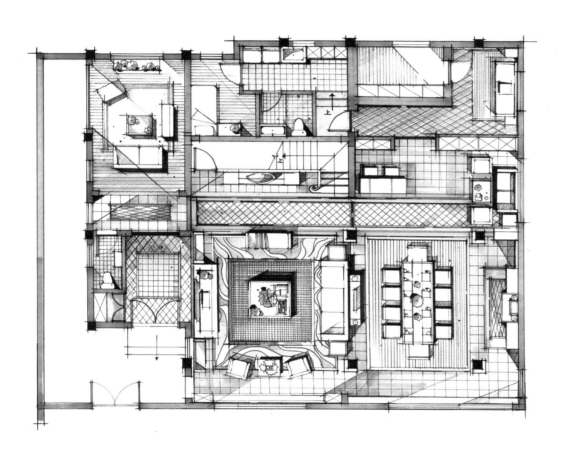
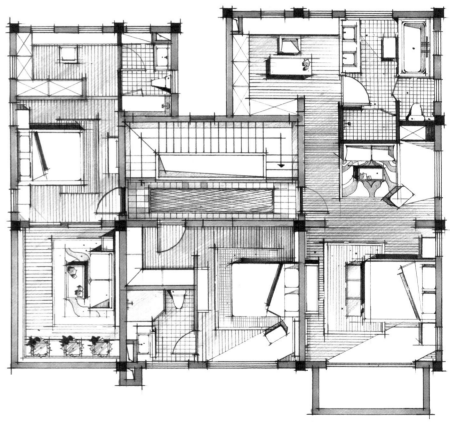

3.2 效果图

设计效果图是直观反映设计师和考生预想中的室内空间、色彩、材质、光照等装饰艺术效果的一种方式，能够让阅卷老师和业主更快速地了解创作意图、性能及特点。

1. 设计要点

① 透视准确、结构清晰、陈设之间的比例关系正确。

② 素描关系明确、层次分明、空间感强。

③ 明确室内整体的色彩基调，依据不同的空间环境确定色彩基调。

④ 设计感强，表现风格元素与立面图和效果图和谐、统一。

2. 构图方法

根据透视学内容，效果图的构图方法主要有两种，即一点透视（平行透视）和两点透视（成角透视）。

（1）一点透视

在视平线与基面平行的投影中，物体与基面平行，垂线与基面垂直的透视称为平行透视，也称一点透视。

构图规律：在一点透视中，所有矩形物体只有一个消失点，所有水平线互相平行，纵向线互相平行。

构图特点：一点透视的构图左右对称，容易掌握，但易显呆板。

以下面的效果图为例。

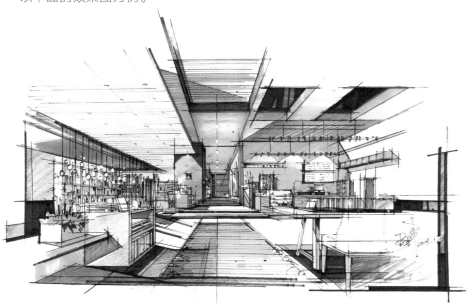

首先，确定整体空间的框架大小、视平线和消失点。

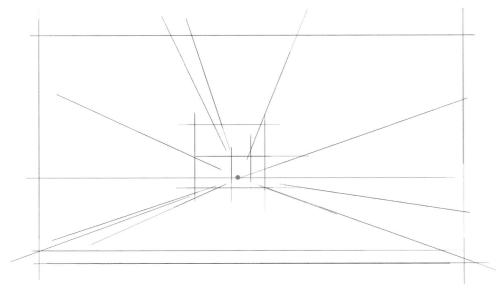

再确定主要家具的位置、大小比例与透视，最后细化表现。

常见问题 1：如果视平线过高，会使空间显得狭窄，且不易体现前后的空间关系。视点高度一般在 900 mm 左右较为合适。

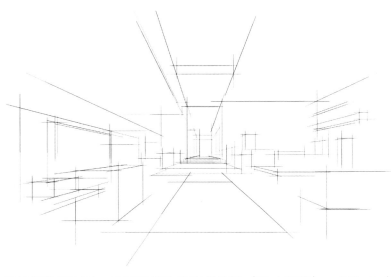

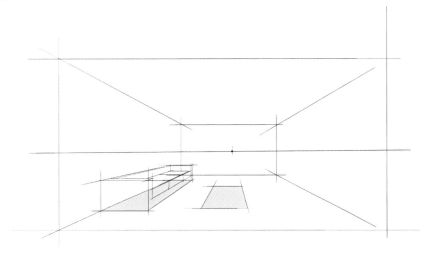

在绘制效果图时，需要我们先找出视平线（图中红线）、消失点（图中红点）的位置，再确定主要家具的位置、大小与透视。

常见问题 2：注意三个立面在画面中所占的比例，一点透视突出的重点是左、右立面及家具内容。因此，在构图中不要把三个立面的重点平分，更不要把远处的立面画得过大，否则，会导致空间进深弱、效果弱的情况。

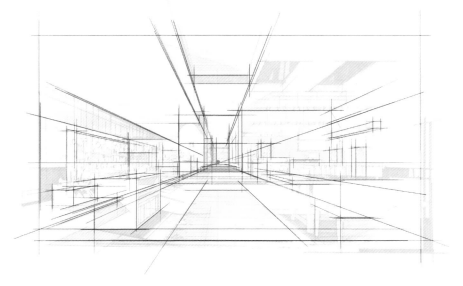

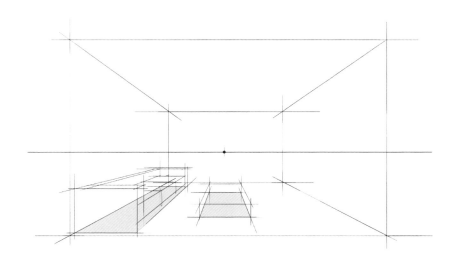

在构图中，为打破一点透视的呆板效果，视点可往左或右偏移（消失点随之往左或右偏移）。

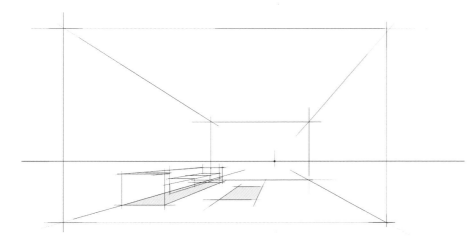

但是，如果视点往右或往左偏移过多，就会形成一个特殊的两点透视，俗称一点斜透视。

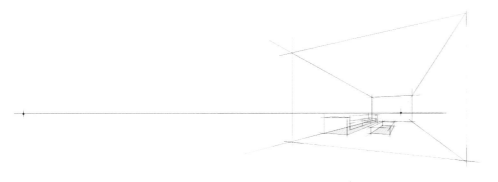

一点斜透视特点：如上图所示，如视点往右移，则右侧立面在画幅上所占的面积要小于左侧立面，视点越往右，右立面就越小，此时，左侧立面就成为设计和表现的重点。在考试中，应根据设计内容的重点来决定视点偏向的方向。

（2）两点透视

两点透视又称为成角透视，因在透视结构中有两个消失点（灭点）而得名。

如物体有一组垂直线与画面平行，其他两组线均与画面成一定角度，而每组各有一个消失点（也叫余点，它分布在心点两侧的视平线上，分为左余点和右余点），则称其为两点透视（成角透视）。两点透视图的画面效果比较自由、活泼。但是两点透视的难度高于一点透视，易出现透视问题，且不易体现空间的丰富性。因此，在快题中以一点透视和一点斜透视构图为主。

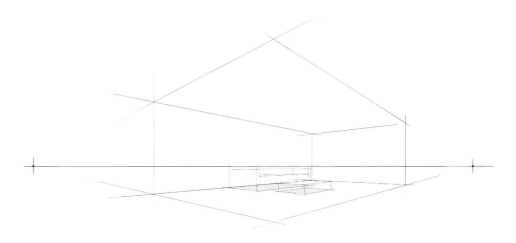

常见问题 1：要注意视平线位置，与一点透视保持一致，视平线高度在900mm 左右最为合适。

常见问题 2：两点透视的消失点往往会出现在画面之外，一定要确保左、右两个消失点在同一视平线上。

3. 设计方法

快题考试就如同写作文，需要一个中心思想，也就是设计理念，不管考试试题有没有明确地提出具体设计理念，都要为设计赋予一定的灵魂，提升设计的深度。具体的设计理念、设计灵感和设计中心思想都是通过具体的设计元素在具体的空间设计中体现出来。因此，在设计中一般要经过元素提取、元素转化、元素组织三个阶段。考生在平时可以通过多看、多想，去发现和捕捉美的元素，并提取适当的材料，使其成为自己的设计素材。用现代的审美情趣去重新阐述和发掘传统文化的精华，寻求东西方文化的结合点，并将其运用到设计中，形成极具文化气息的设计作品，此类文化类快题设计在考试中较为常见。

（1）元素提取

在设计前期，我们会先去搜集、整理大量的资料，从中提取设计元素，将其转化为准确、精炼的视觉符号，从而表达空间主题，提升空间形象的识别度。设计效果图作为表达设计空间的直观载体，需要表达与传递设计师的设计意图，再将其传递给大众，使大众产生一定的心理活动。这一传递过程需要各种表现形式的视觉符号来协助表达设计语言，这类视觉符号之间并不是孤立的，而是相互联系在一起，形成一个有序的、系统的、符合美的规律的组织。通过空间、色彩、材质、光影、陈设等直观具体事物传递给大众，表达设计情感。

（2）元素转化

① 元素的省略简化：常用于新中式风格中，对传统的设计元素或者设计符号进行提炼、简化、重新解读，从而转化成一种新的、具有代表性的设计语言来表达空间。

② 元素的复杂堆积：即统一元素成组或成团出现，在顶棚设计、立面设计中使用较多，用量的堆积来达到视觉震撼的效果。

③ 元素的变形夸张：对某一设计元素进行夸张处理，改变人们固有的思维模式，突破原有认识，对设计元素赋予更深的设计含义。

（3）元素组织

① 打散重构：即将原本是一个整体的物体的元素进行打散、重构，然后通过一定的秩序编排，使其形成另外一种不一样的视觉效果。

② 对比碰撞：在设计中，可以把不同材质、不同颜色、不同形式的设计元素进行组合，形成视觉上的冲击，给人以震撼感。

③ 时空转换：即将一个空间的物体设置在另外一个与其完全不同的空间中，比如在这个餐厅设计中，设计师把一系列造型餐具置于顶棚，通过这种方法产生强大的视觉冲击力。

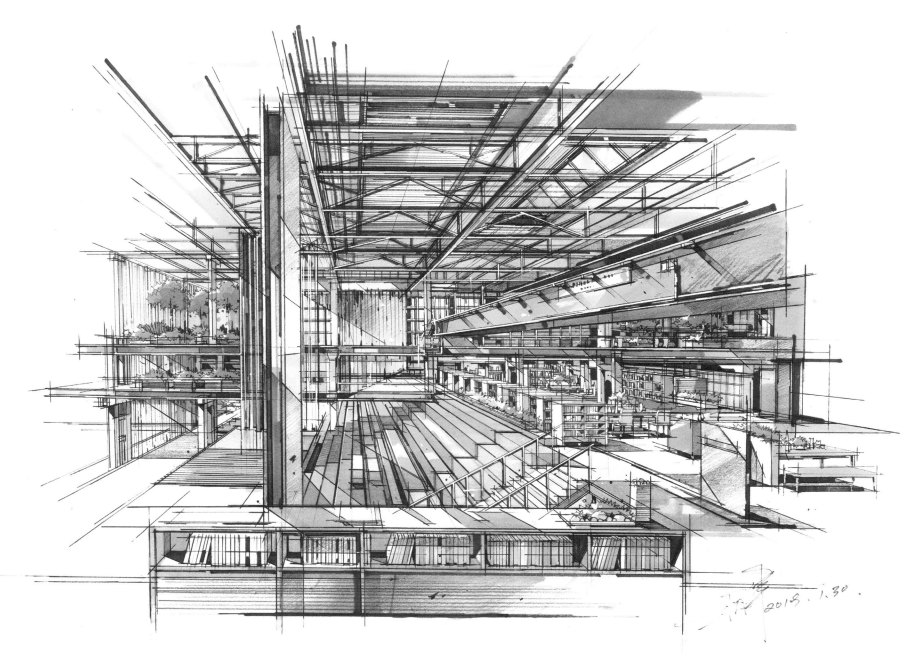

2017.8.12

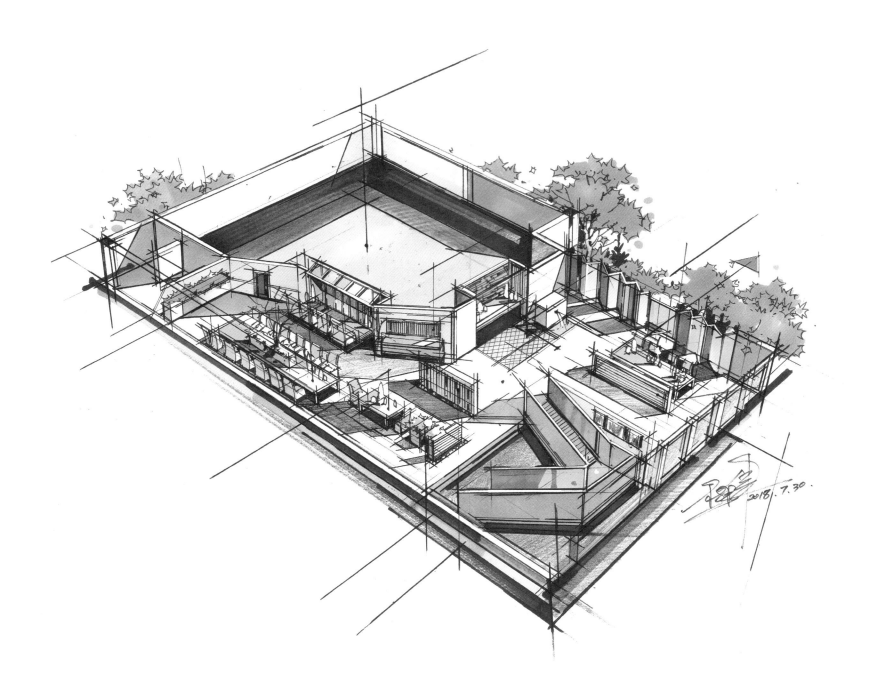

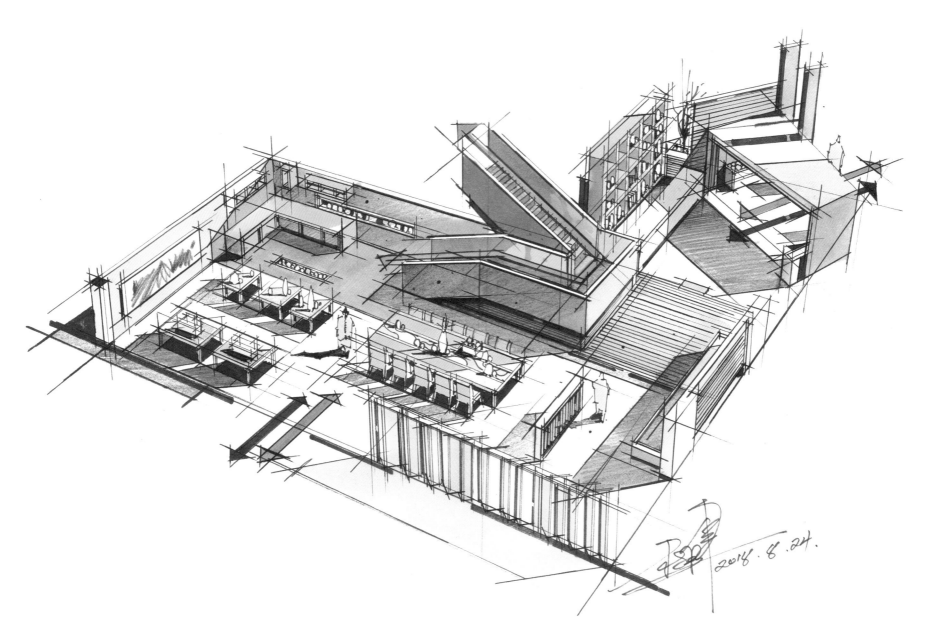

3.3 立面图

以平行于室内墙面的切面将前部分切取后，剩下部分的正投影即室内立面图。

1.表现内容

① 墙面造型、材质及家具陈设在立面图上的正投影图。

② 门、窗立面及其他装饰元素立面。

③ 立面各组成部分尺寸，地坪、顶棚标高。

④ 材质名称。

⑤ 详图索引号、图名、比例等。

2.设计要点

① 立面图设计必须与平面图、效果图相吻合，包括平面图上的家具尺寸、摆设及整体环境营造。

② 立面图设计必须遵循题目要求，设计造型、设计元素与设计主题和功能相吻合，不能为追求形式美而脱离现实。

③ 在具体设计上需熟练掌握材质特性和施工工艺，在设计中考虑其可行性。

3.设计方法

（1）节奏与韵律

立面设计方法与效果图基本一样。在考试中，有些同学不知道应该在试卷中表现哪个立面，当出现这种情况时就说明你的设计出现了问题，需要重新调整自己的设计思路和设计方法。有些考生喜欢选择一整面玻璃窗作为主要立面表达，这种方式是不可取的，因为这个立面不仅无法表现出个人的设计想法，更没有设计感可言。在设计中应善于运用设计元素在立面造型中形成节奏变化来丰富立面设计。

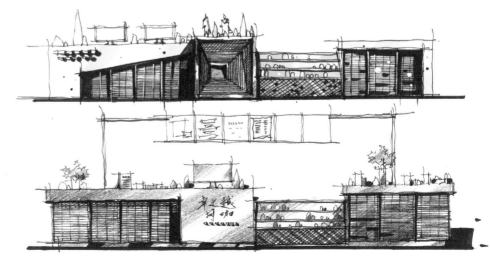

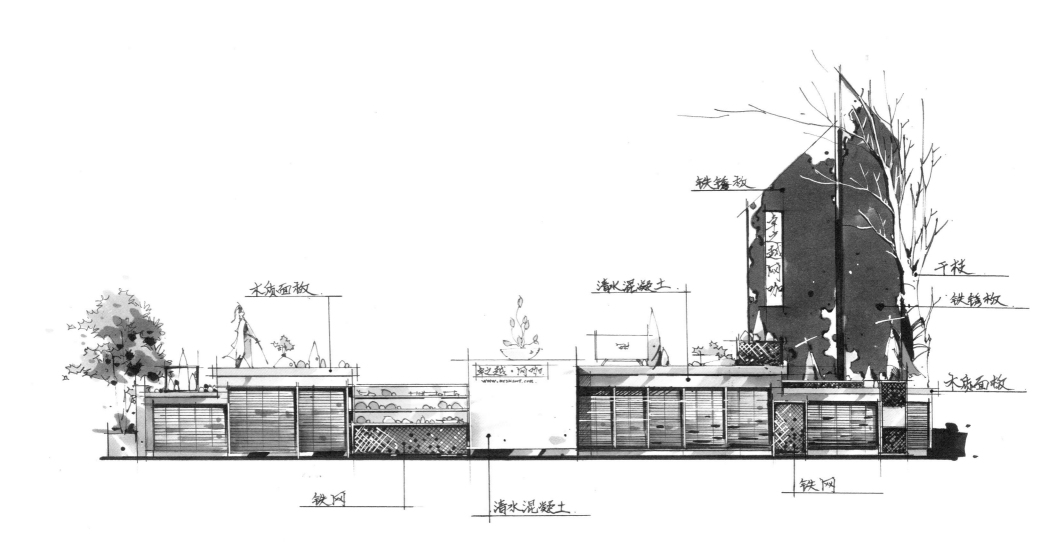

铁锈板

干枝

铁锈板

木质面板

清水混凝土

木质面板

铁网

清水混凝土

铁网

（2）对比与变化

利用不同材质、不同颜色、不同形状的对比来表达出设计的主题思想。

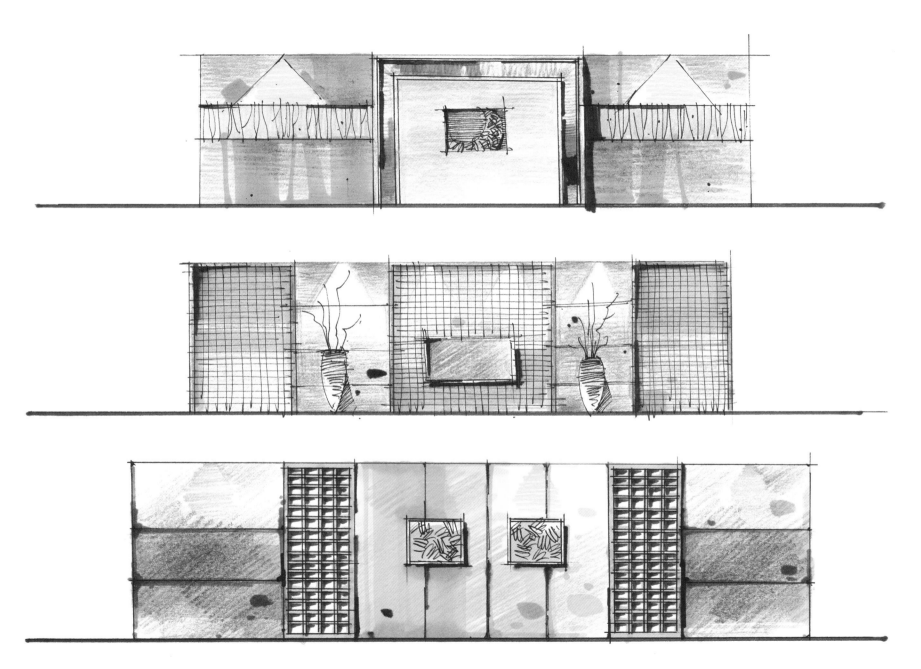

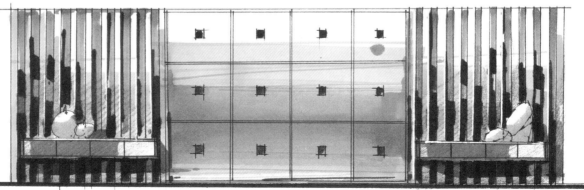

4. 立面常用材质与表现

防腐木 / 生态木

老榆木 / 生态木方通

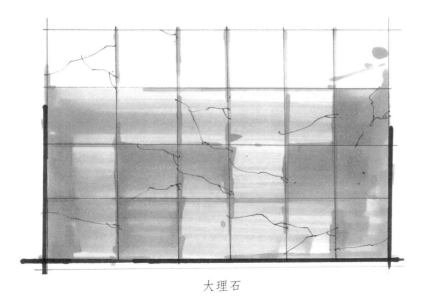

大理石

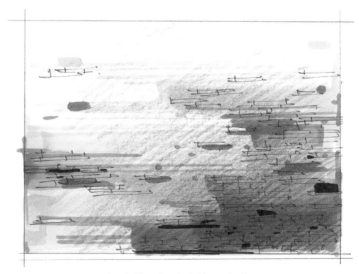

红砖墙 / 红砖残墙、文化石

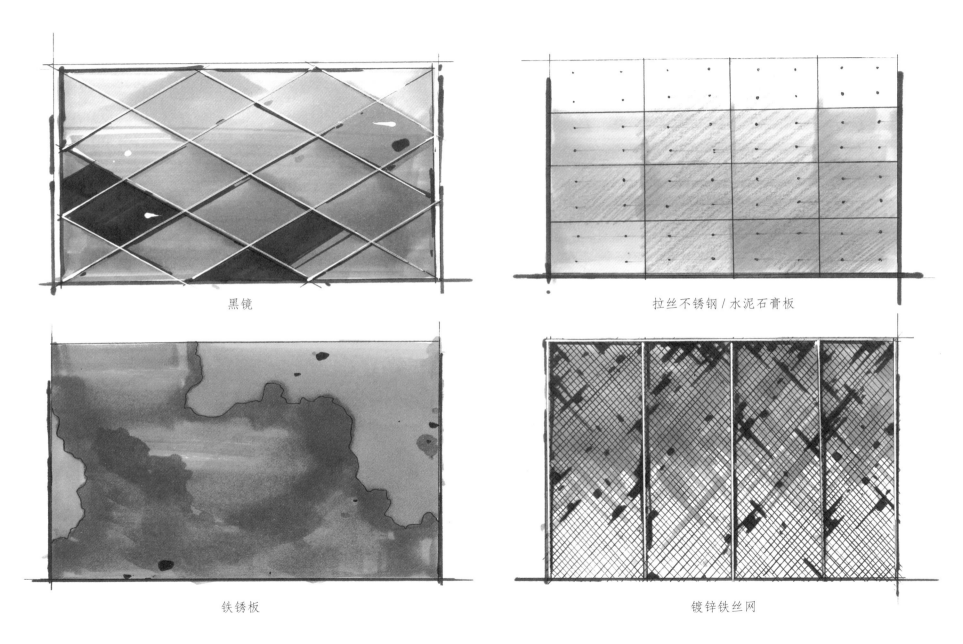

黑镜

拉丝不锈钢 / 水泥石膏板

铁锈板

镀锌铁丝网

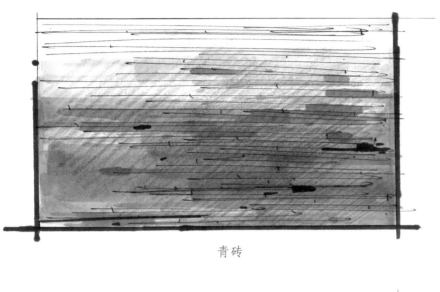

青砖

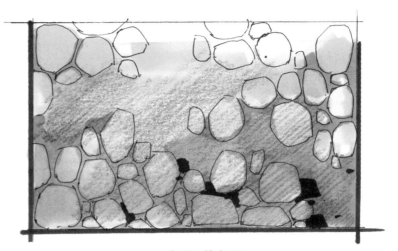

毛石 / 鹅卵石

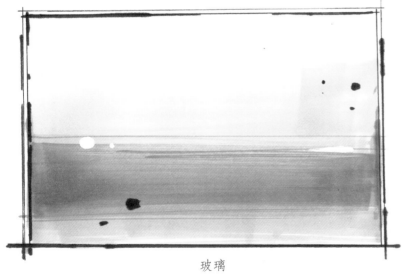

玻璃

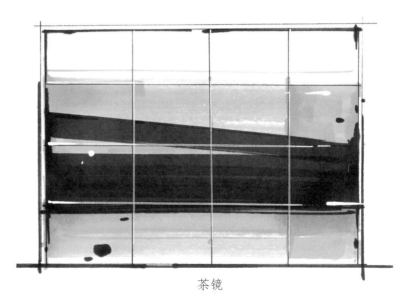

茶镜

3.4 顶棚设计图

顶棚设计图是将顶棚正投影在其下方假想的水平镜面上形成的镜像投影图。

1. 表现内容

① 顶棚的造型及材料说明。

② 吊灯和电器的图例、名称等说明。

③ 顶棚造型尺寸标注、灯具、电器的安装位置标注。

④ 顶棚标高标注。

⑤ 顶棚细部做法说明。

⑥ 详图索引号、图名、比例等。

2. 设计要点

顶棚造型需要考虑建筑的层高，尤其是在规定了层高的题型中需要特别注意。顶棚造型具有限定空间分区的暗示作用，因此，顶棚的设计往往与平面布局紧密联系。顶棚图常用图例如下图所示。

图例:	
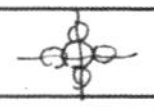 ✛	吊灯
✛	筒灯
 ✛→	射灯
⊞	防雾灯
⊢⊕	壁灯
☆	喷淋
Ⓢ	烟感
⊠	排气扇

3.5 设计说明与分析图

1. 设计说明

设计说明一般为 100 字左右，不宜过少。设计说明主要是对所做方案进行阐述，包括以下方面。

① 设计内容：此设计是什么类型的空间，有哪些具体的功能区，能满足什么样的功能需求。

② 设计理念：设计灵感来源，设计元素的运用。

③ 设计方法：在设计中采用了什么材质，如何处理空间细节，如何营造整体空间氛围，想给体验者带来何种心理体验。

在练习过程中，考生经常会苦恼设计说明怎么写，其实只需要把以上内容用清晰、明了的语言表达出来即可，不一定要追求语言的艺术性。在此，我们提供了模板以供参考。

模板一

本方案是围绕 _____ 为主题，将 _____ 与 _____ 相结合，以 _____ 的设计风格为主调，在总体布局方面满足 _____ 需求。以 _____ 线条的 _____ 装饰及各种 _____ 隔断景点，更体现 _____ 之感，创造一个 _____ 环境。

不但外观 _____，内部也实用美观、功能齐全，小小的空间在此体现得美轮美奂，比如 1._____，2._____。

以上是本方案的全部设计思维过程。

模板二

设计背景：陈述此方案是在怎样的背景下产生的，包括文化背景、所处环境背景、适用人群背景等。

提出问题：针对设计背景进行分析，思考你做的设计应该解决哪些问题。

分析问题：对提出的问题进行分析（可从功能布局、设计元素、材质、色彩等方面分析）。

2. 分析图

为了能在短时间内向阅卷老师清晰地传达设计意图与想法，可将设计说明与分析图结合进行表达。那么该如何去表现分析图呢？

（1）设计理念分析

设计理念就是设计主题，是整个快题设计的核心思想。室内设计是解决人、机、环境三者之间的关系问题，一个好的设计理念也应该从这三个方面入手，形式服从功能，天马行空般的艺术创作也不能是空穴来风。

（2）功能流线分析

平面布局设计最基本的要求就是满足功能需求并保证人流动线清晰。功能流线分析就是用简单的图形来分析空间功能及流线特征，功能和流线之间是密切相关的，在设计过程中可以将两者结合起来分析，也可以分开分析。

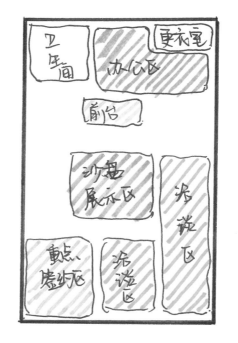

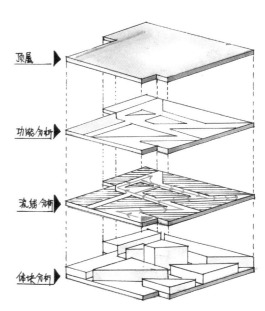

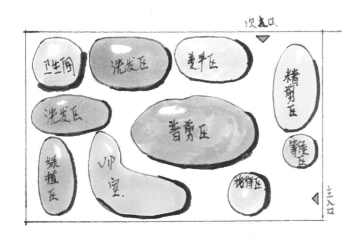

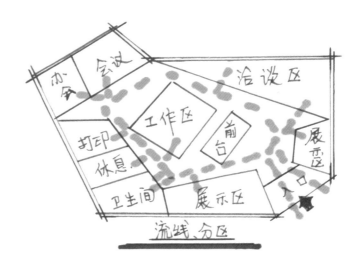

（3）空间体块分析

空间体块分析是指对空间设计的分析，通过三维的方式直观地体现空间和流线关系。在表现上与轴测图相似，但不需要太详细，用几何体块、明暗体块或色彩体块表现即可。

（4）元素分析

设计元素与设计主题相呼应，设计元素的来源可以是具体的某一物体，比如山、水、石、树等，也可以是抽象的文化，比如诗歌、传统文化等。设计过程中既可直接使用原有的形态，也可以对其进行分析、变形、提炼后再运用。

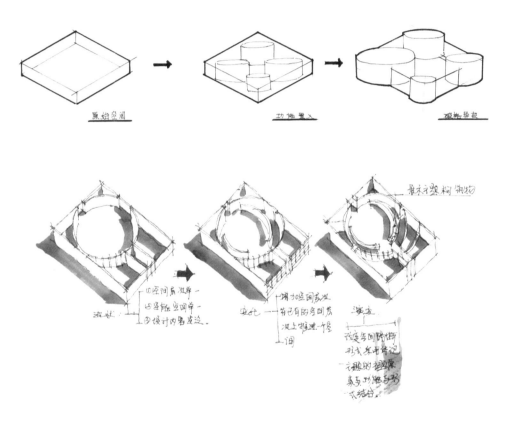

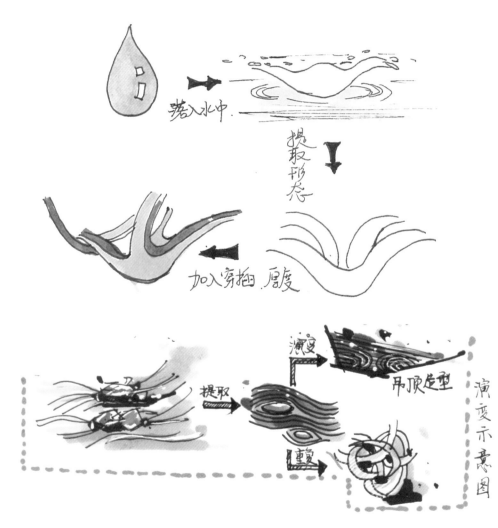

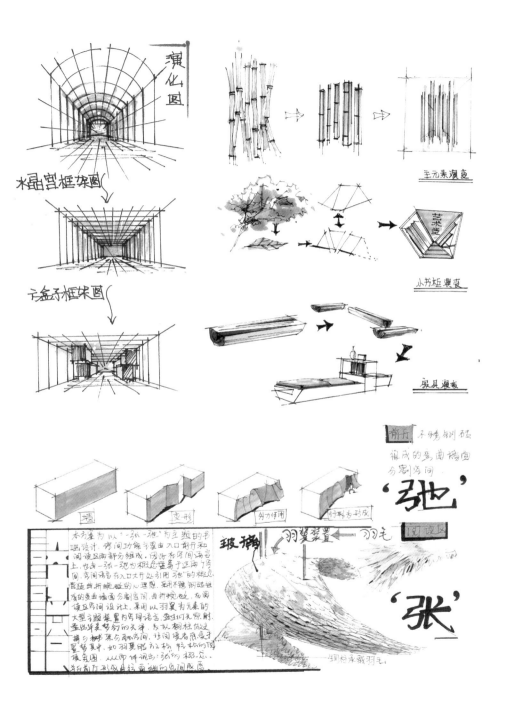

（5）材质分析

材质是营造空间氛围的一种物质衬托（如木材、石材、玻璃、布艺等），包含色彩、纹理、光滑度、透明度等多重属性，因此材质分析可从以下两个方面着手。

① 对空间中使用的几种主要材质进行简单的罗列及说明。

② 深入分析材质特征与运用方式等。

3.6 版式设计

1. 排版

排版设计在考试中是占有一定分数的，不能忽视它的重要性。一幅排版美观、舒适的快题作品更容易给阅卷老师留下深刻印象，尤其是在考卷为两张以上的绘图纸时更不能忽视排版。

在排版上要注意点、线、面的组合关系，合理安排标题、各主要图纸及设计说明等内容，在正稿之前可先用铅笔轻轻勾勒出图纸的大小和位置，在卷面四周预留1 cm 左右的空白边框，切记不能画出纸面，破坏画面完整性。

排版时要注意各图纸之间的主次关系，注意字体标注的统一，让画面看起来整洁、有序。

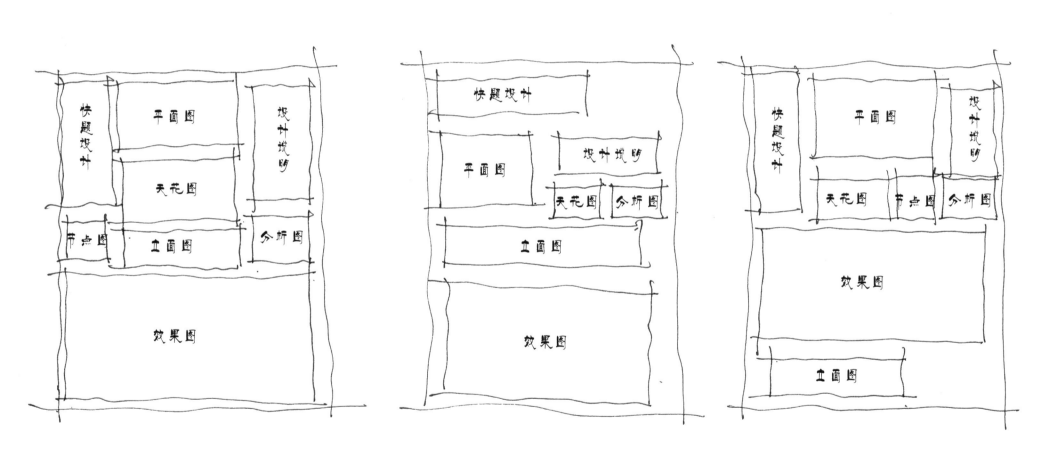

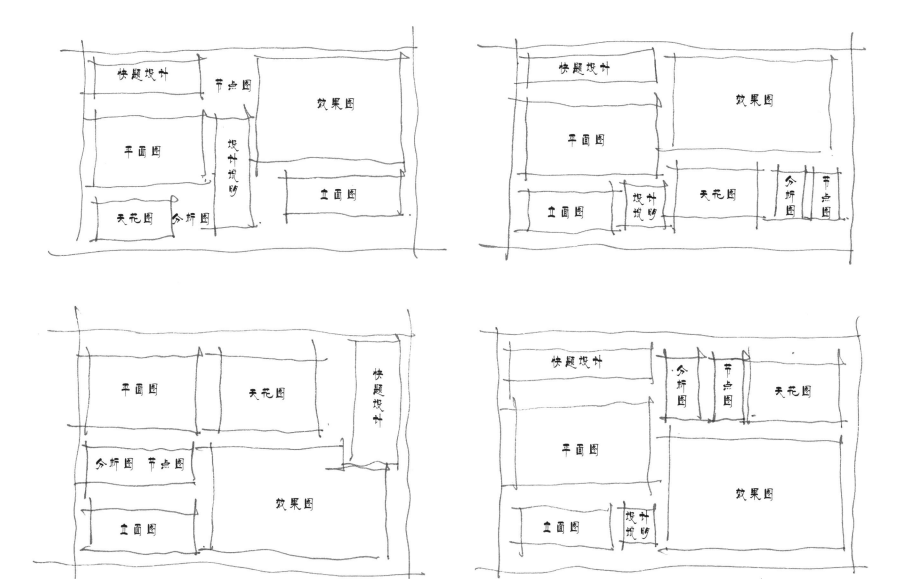

2. 标题

标题是图纸表达的重要内容，标题完整、美观、呼应主题能提升画面的设计感和完整性。标题一般有两种，主标题"快题设计"，再加一个副标题，如"某餐厅设计"，另外就是直接把考试题目作为标题，如"某办公室设计"。注意标题字体、颜色、风格要与整体效果保持和谐一致。

（1）考试常用标题

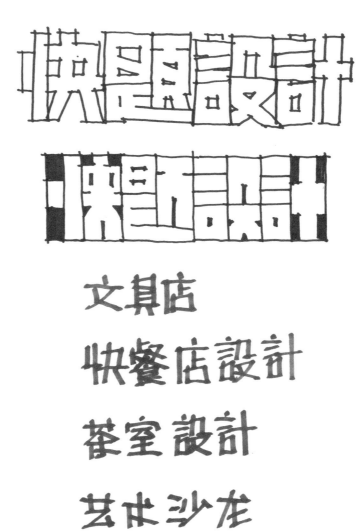

（2）项目设计案例

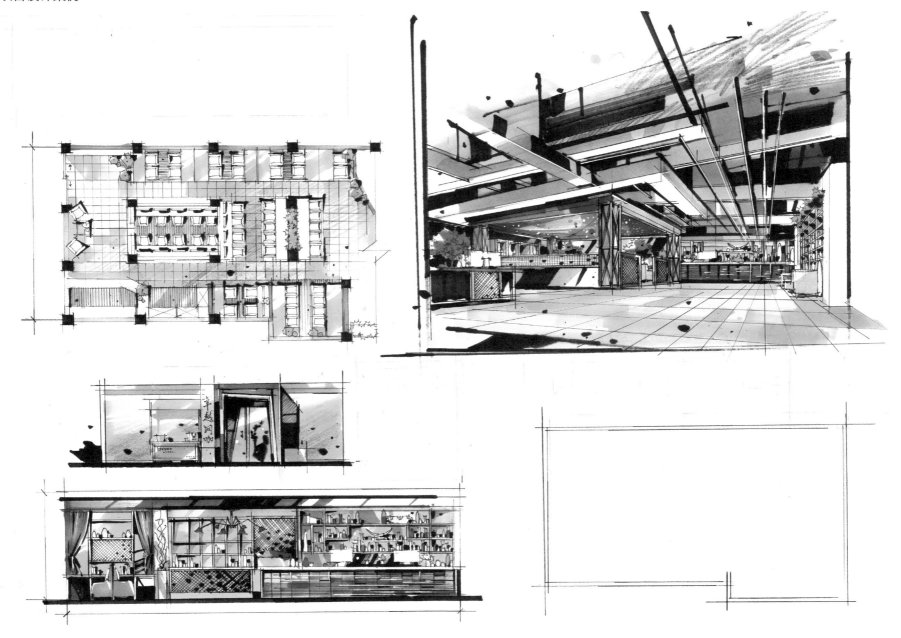

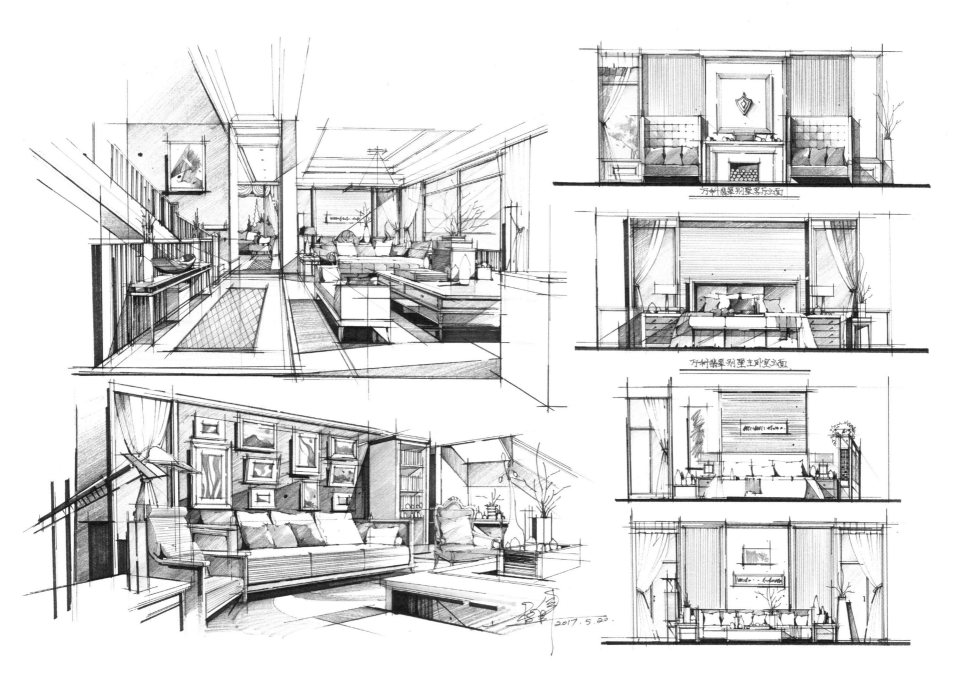

万科翡翠别墅客厅立面

万科翡翠别墅主卧室立面

2017.5.20.

第 4 章

室内快题设计
方案解析

4.1 家装空间快题设计

家装空间在高校快题考试中不多见，考家装的院校主要是中南林业科技大学。相比工装空间，家装空间面积小，考试范围更好把控，因此备考起来相对轻松。

（1）客厅、会客厅

客厅是家居空间中与居住者互动最多的空间，集交流、放松、聚会、娱乐于一体。客厅也是家居空间设计的重点区域，需精心设计、精选材料，充分展现主人的审美品位。客厅的大小决定了沙发的尺寸及形式，客厅中主要的家具有沙发、茶几、电视柜等。

会客厅顾名思义就是接待客人的地方，其设计方法与客厅相似。会客厅的风格展现了主人对客人的态度和重视程度。其中中式设计风格在会客厅设计中广受青睐，中式会客厅一般采用中国传统的对称式布局方式，气氛庄重、位置层次感强。使用挂画、屏风，以及收藏品等装饰物能增强会客厅氛围，丰富空间层次。会客厅与客厅的设计要点相近，但会客厅更显端庄、严肃。

设计要点

① 客厅位置一般离主入口较近，为避免别人一进门就对室内一览无余，多在入口处设置玄关。

② 沙发区最为重要，它的造型和颜色会直接影响到客厅的风格，因此，设计中对沙发造型和风格的选择十分重要。

③ 如果要在客厅设置收藏品、书籍或装饰品，框体大小要按照客厅的面积实际情况设计，一般靠墙而立以节省空间。

④ 视听娱乐区是客厅的一个重要功能区，它的设计要考虑到许多方面，如电视屏幕与座位之间的距离、角度和高度，电视灯的位置、音响设备与家具的位置等，无论快题设计多么标新立异，都要遵循这些标准规范。

（2）餐厅

设计餐厅时需要考虑与厨房的关系，厨房有开放式和封闭式两种，一般中式厨房多为封闭式，更有利于客厅设计表现。

设计要点

① 餐厅可以单独设置，也可以设计在起居室中靠近厨房的一隅，设计上可以通过人为手段划分出一个相对独立的就餐区。如通过顶棚使就餐区的高度与厨房或者客厅不同；通过地面铺设不同色彩、不同质地、不同高度的装饰材料，在视觉上把餐厅与客厅或者厨房区分开；通过不同色彩、不同类型的灯光来界定就餐区的范围；通过屏风、隔断在空间上分割出就餐区等。

② 使用方便。除餐桌、餐椅外，餐厅还应配置餐饮柜，用来存放部分餐具、酒水饮料、酒杯、起盖器、餐巾纸等辅助用品，既方便又能起到装饰作用。

③ 色彩要温馨。就餐环境的色彩配置对人们的就餐心理影响很大。餐厅的色彩宜以明朗、轻快的色调为主，最适合的颜色是橙色系，它能给人以温馨感，刺激食欲。桌布、窗帘、家具的色彩要合理搭配，灯光也是调节色彩的有效手段，如使用橙色白炽灯形成橙黄色的就餐环境。另外，挂画、盆栽等软装饰品能起到调色、开胃的作用。

（3）卧房

卧房主要满足休息睡眠、梳妆、换衣，以及阅读、休闲等功能。主卧及酒店卧房中功能空间更丰富，有独立卫生间和衣帽间等。

设计要点

① 卧室设计必须在隐蔽、恬静、便利、舒适和健康的基础上，寻求优美的格调与温馨的氛围。更重要的是，应当充分体现使用者的个性特点，使其生活在愉快的环境中，以获得身心的满足。

② 床、床头柜、休息椅、衣物柜都是卧室的必备家具，根据面积情况和个人需求可设置梳妆台、工作台、矮柜等。室内应陈设一些表现主人个性的饰品。

③ 空间扩展。卧室的多功能性常常令人有空间不够的感觉，因此巧妙的设计与多功能的家具配合可以有效地将空间扩展。

（4）书房

书房是家庭办公空间，是阅读、学习、研究、工作的空间。书房是最能体现居住者的习惯、个性、爱好、品位和专长的场所。在功能上要求创造静态空间，以优雅、宁静为原则，同时为居住者提供工作、学习与会客的空间。

设计要点

① 书房中的功能空间一般有收藏区、阅读区、休息区。8~12 m² 的书房，收藏区宜沿墙布置，读书区靠窗的位置，休息区占据余下的空间；12 m² 以上的大书房布局方式更具灵活性，如可以设计一个小型的会客区、中间设置圆形的可旋转书架、有一个较大的休息讨论区等。

② 书房的采光要求较高，尤其是要有舒适的自然采光环境。书桌的摆放位置与窗户位置很有关系，一要考虑光线的角度，二要考虑避免电脑屏幕的眩光。因此，书桌最好放置在阳光充足但不直射的窗边，这样工作疲倦时还可凭窗远眺、休息眼睛。一般书桌放于窗前或窗户右侧，工作学习时可避免在桌面上留下阴影。书房内一定要有台灯和书柜用射灯，便于使用者阅读和查找书籍，但注意台灯光线要均匀。

③ 书桌不能面窗，否则会产生"望空"的问题，造成不良效果。书桌不能正对大门，且勿置于书房的正中央。书桌前应尽量留有空间。

④ 书房的家具除了有书柜、书桌、椅子外还可以配置沙发、茶几等。书柜靠近书桌以方便存取，书柜中可留出一些空格放置工艺品等物品，来活跃书房氛围。

（5）家装空间常用尺寸（见表4-1）

表4-1　家装空间常用尺寸

空间	内容
客厅	**沙发** 单人：长 800~950 mm，深 850~900 mm；坐垫高：350~420 mm；背高：700~900 mm 双人：长 1260~1500 mm，深 800~900 mm 三人：长 1750~1960 mm，深 800~900 mm 四人：长 2320~2520 mm，深 800~900 mm **茶几**　长 600~750 mm，宽 450~600 mm，高 380~500 mm **电视柜**　长 800~（根据室内长度）mm，深 450~600 mm，高 450~700 mm
卧室	**床** 单人床：宽 900~1200 mm，长 1800~2100 mm，高 400~450 mm 双人床：宽 1350~1800 mm，长 1800~2100 mm，高 400~450 mm 圆床：直径 1860 mm、2100 mm、2400 mm **床头柜**　宽 500~800 mm，高 500~700 mm **衣橱**　深 600~650 mm，衣柜推拉门宽度 700~1200 mm，衣柜门宽度 400~650 mm
书房	**书桌**　宽 500~650 mm，长 1200~1600 mm，高 700~800 mm **办公椅**　长 450 mm，宽 450 mm，高 400~450 mm **书柜**　宽 1200~1500 mm，深 450~500 mm，高 1800 mm **书架**　宽 1000~1300 mm，深 350~450 mm，高 1800 mm
餐厅	**方餐桌** 2 人：700 mm×850 mm；4 人：1350 mm×850 mm；8 人：2250 mm×850 mm **圆桌（直径）** 2 人：500 mm、800 mm；4 人：900 mm；5 人：1100 mm；6 人：1100~1250 mm；8 人：1300 mm；10 人：1500 mm；12 人：1800 mm **餐椅**　高 450~500 mm
厨房	**操作台**　宽 600 mm，高 750~800 mm **吊柜**　高 700 mm，吊柜顶 2300 mm
卫生间	卫生间面积：3~5 m² **浴缸** 长 1220 mm、1520 mm、1700 mm；宽 720 mm、750 mm、850 mm；高 365~520 mm **坐便器**　7500 mm×350 mm **冲洗器**　690 mm×350 mm **盥洗器**　550 mm×410 mm **淋浴头高**　2000~2100 mm **化妆台**　长 1350 mm，宽 450 mm

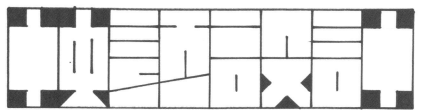

设计说明：此6楼为新中式书房理念之2室设计，西做方27 m²。故3使用大色块材以外，还应用了石材，提升质感和对比效果。整体色调为温暖的黄色，给人一种温暖、舒适又充满大气的感觉。且有大片的落地窗，户外的景观与室内外相呼应，大大增加了室内的采光，同时配备有茶室，以来迎接客户的到来，满足不同客户的需求。

姚少吟

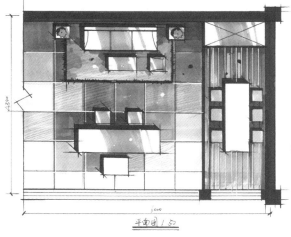

平面图 1:50

立面图 1:50

名称： 001-150211-0018

优点：
① 方案为新中式书房设计，效果图表现整洁、大方。
② 平面对出挑露台的设计加以考虑，设计完整、丰富。

缺点：
① 平面图中露台处书柜的尺度不对，家用书柜进深一般为300 mm。
② 对于效果图中木质家具和立面中的装饰材料颜色较浅的情况下，应尽量少使用黑色，以体现出材质原本的质感与整体空间氛围。

名称：001-150211-0018

优点：

① 此快题是儿童房的设计，需要把儿童的需求考虑进去。很多同学在设计儿童房时往往把精力全都放在儿童玩具的设计上，从而忽视了硬装设计，造成画面没有设计重点的问题。本设计采用灰色调结合局部软装，同时顶棚采用星空图案来呼应儿童房的氛围，是一张不错的儿童房设计的作品。

② 技法表达熟练，平面图、立面图、效果图统一且丰富。

缺点：

① 效果图视平线偏高。

② 平面图和立面图的笔触可更整体，这样在考试中也会更节省时间。

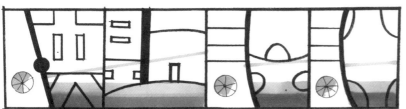

设计说明：

　　该方案为餐厅设计，设计元素以荷叶为元素，在室内色彩方面，以原木色、琉璃黄、淡绿色、淡蓝色、长城灰来打造新中式气氛。本案设计并没有选择将的传统文化的元素的简单叠加，而是通过对传统文化的认识，注入中式的风雅意境，从而使空间散发着雅舍落，端庄典雅的气息。

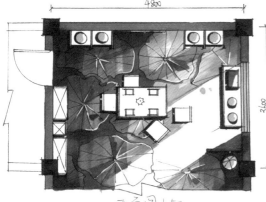

平面图 1:50

立面图 1:50

效果图

名称：201708261614-0012

优点：
① 表现技法熟练，将室外光源对室内环境的影响表达得较为合理。
② 立面设计内容丰富。

缺点：
① 平面布局中对空间的使用率考虑欠佳，餐桌的尺寸可根据空间尺寸选择更大的餐桌。
② 效果图方案中，餐厅氛围的营造较弱，左侧装饰柜应以能体现餐厅氛围的软装为主，比如餐具。

名称：201708261613-0012

优点：
① 对空间氛围的营造十分舒服、高贵，以灰色调渲染灯光的颜色，使空间协调统一。
② 以往家装快题设计中基本都以新中式为主流，这张快题作品敢于打破风格的限制，以一种现代复古的风格让人眼前一亮，同时空间感把握也很到位。

缺点：
① 效果图右侧窗帘用马克笔画多了，提白没能达到想要的通透效果。
② 立面图设计没能把设计的中心体现出来。

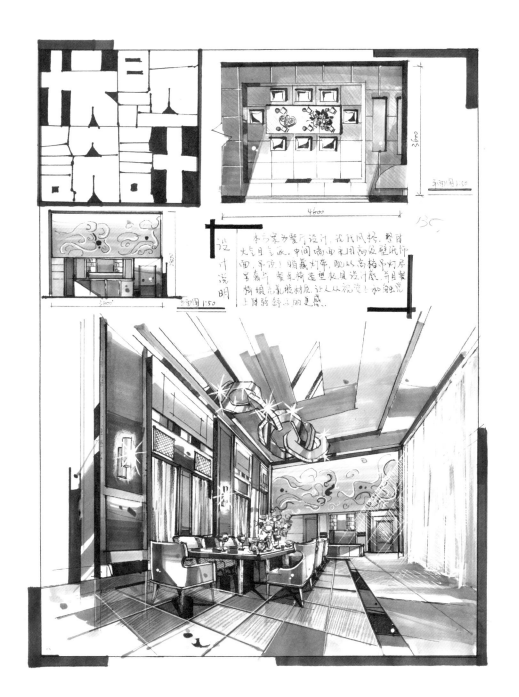

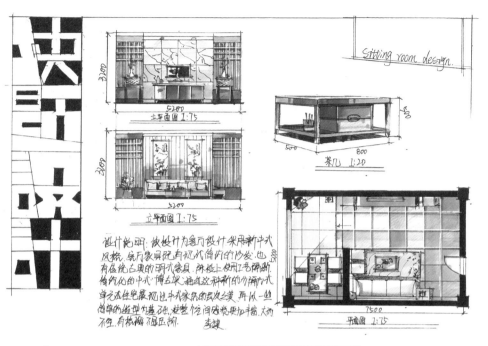

3200

5200
立面图 1:75

3200

5200
立面图 1:75

500

500   800
茶几 1:20

7500
平面图 1:75

设计说明：该设计为客厅设计采用新中式
风格，客厅家具既有现代简约的沙发，也
有传统古典的明式家具。所以上使用工艺新潮、
简约化的中式、博古架。通过这种新的分割式
单元式住宅展现出中式家具的层次之美。并以一些
简单的造型为基础，使整个空间感觉更加丰富，大而
不空，有极强的感正闭。 李隶

名称：001-150211-0018

优点：
① 技法熟练、使用准确。
② 设计中对材质的选择及材质
纹理的表达很棒，并在空间中
使用了软装饰品，让整个空间
氛围与内容感更完善、丰富。

缺点：
① 平面布局设计中，客厅开门
的方向和位置不合理，用实墙
把客厅与其他空间隔开的做法
使得整个客厅空间过于封闭。
② 画面线条缺少变化，稍显呆
板。

4.2 餐饮空间快题设计

1. 基本概念

从狭义上来说，餐饮空间是凭借特定的场所和设施，为顾客提供食品和服务的经营场所，是满足顾客饮食需求、社会需求和心理需求的环境场所。从广义上来说，餐饮空间主要是指餐厅的经营场所。

根据面积的大小，餐饮空间可分为大型、中型、小型三种类型。100 ㎡以内属小型餐饮空间，100~500 ㎡属中型餐饮空间，500 ㎡以上为大型餐饮空间，在室内快题常考题型中，中型餐饮空间最为常见。常考的餐饮空间类型有：中餐厅、西餐厅、咖啡厅、茶室等。

2. 功能分析

餐饮空间按照使用功能可分为可用空间（用餐区、前台接待区等）、公用空间（卫生间等）、管理空间（服务台、办公室等）、流动空间（通道、走廊等）。在空间序列上，入口、门厅为第一空间序列，散座、卡座、包厢等就餐区为第二空间序列，厨房、仓库为最后一个空间序列，功能分区明确，动静分明。

3. 真题解析

（1）某餐厅设计

设计场地为一临街商铺，临街一面右侧开门，原建筑平面尺寸为 12 m（进深）×18 m（面宽），柱间距 6 m，室内无柱，净高 4 m。要求绘制平面布置图、顶棚布置图、剖/立面图、室内效果图，表现手法不限。

题目解析

① 建筑场地：框架结构，进深为 2 个开间（2×6 m），面宽为 3 个开间（3×6 m），面积约为 216 ㎡。

② 临街商铺：开门位置为临街右侧，遵循题目要求，以免错失得分点，门头设计需要着重考虑。

③ 门窗位置：题目不做要求，根据自身方案灵活处理。

④ 功能布局：题目不做要求，应依据设计主题进行功能关系的思考和处理。餐饮空间功能区应有：门厅（前台收银、等候休息），营业区（卡座、散座、包间等形式），辅助功能（卫生间、操作间、更衣室、办公区等）。

⑤ 交通流线：入口、通道、疏散，可考虑无障碍设计。

（2）书吧设计

建筑要求：面宽为 3 ×7.8 m，进深为 2 ×7.8 m，栏间距为 7.8m，柱子尺寸为 700 mm×700 mm，高 4.2 m。

功能要求：体验区、吧台、工作间、卫生间。

图纸要求：平面图、效果图、立面图、顶棚图、设计说明。

题目解析

书吧是一种集图书馆、书店、茶室、咖啡馆、讲座于一体的商业空间，因此，在设计中应根据主题布局设计具体功能空间。在符合题目要求的前提下，更加完善空间需求，如书籍展示区、阅读区、吧台茶水区、办公区、仓库等。题目要求中的体验区包含阅读区、展示区、休息茶吧等空间，可以根据不同的心理体验去设计空间大小和形式。书吧设计中还可以考虑空间的灵活可变性，比如新书发布会、沙龙活动等需要的交流空间。

对于这种对建筑平面要求做了具体规定的题型，在设计开窗与开门的位置时需要考虑承重柱的位置。

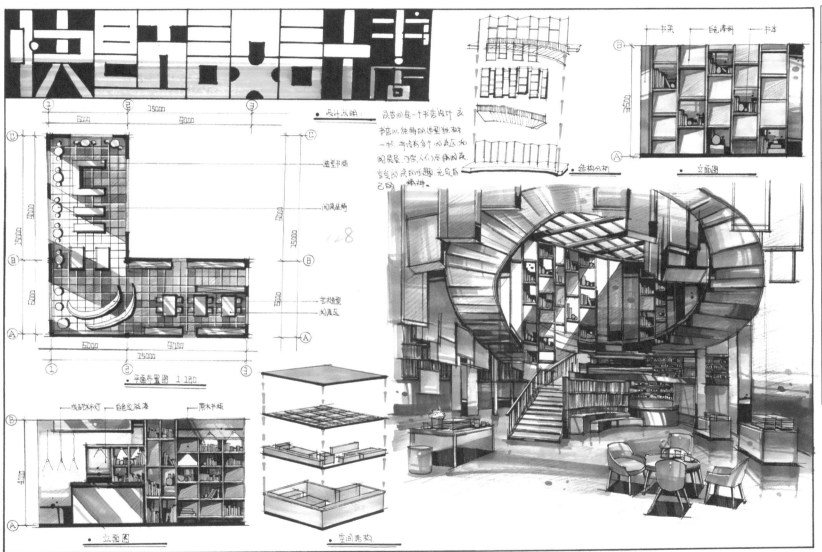

名称：201708261613_0012

优点：

① 空间设计主题明确，展示书架的设计具有创新性。

② 平面布置中，书架展示与阅读区的空间穿插合理。

缺点：

① 效果图中，最前方的阅读区桌椅尺度偏小，书架的结构表达不清晰。

② 排版较散。在排版上，同类的内容要紧凑排列。该快题中，两个立面图分别置于图中两角位置，设计说明、功能分区、分析图等同类内容应排列于同一区域内，以增强排版的秩序性与整体性。

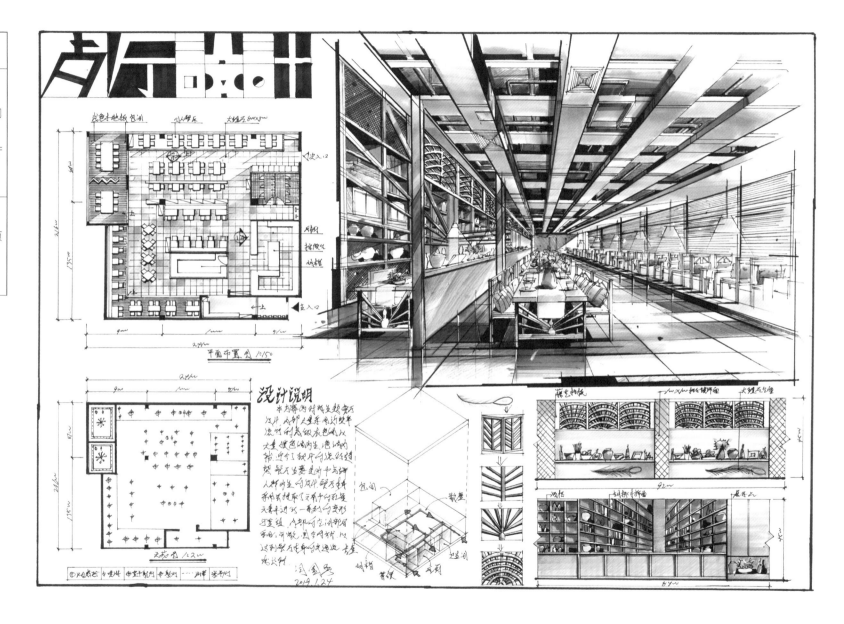

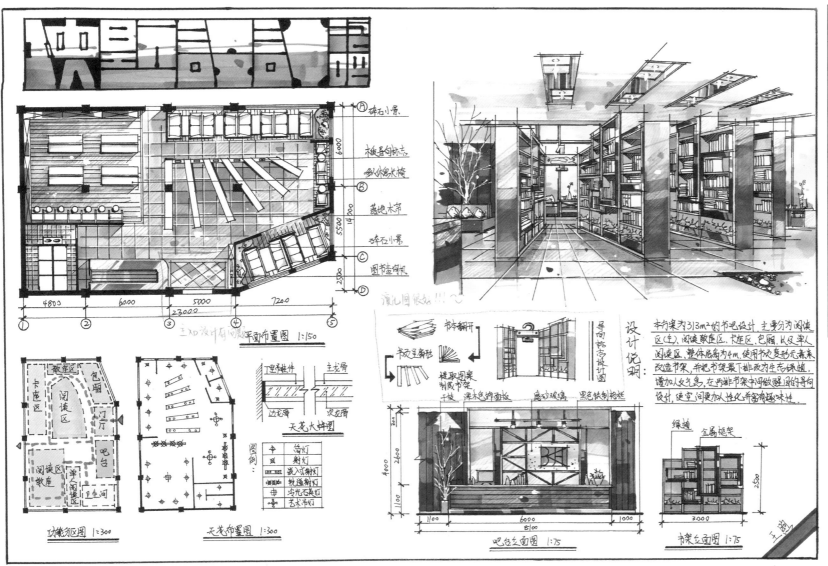

优点：

① 本方案在书架的设计上打破了传统的矩阵式的布局方式，采用了扇形的布局方式，一方面可充分利用空间，另一方面能够活跃空间形式。

② 整个画面技法表现熟练，整体效果强。

缺点：

① 平面图主入口标志不明确。

② 卫生间不宜设置在主入口旁边，需要足够的私密性。

碎石小景
横昌句标志
多休闲水椅
蒸地木节
碎石小景
图书陆何硯

主入口设计有问题 平面布置图 1:150

书本翻开
书友复扇形
提取阅读案制成书架
书本翻开
干技 深木色饰面板 磨砂玻璃 黑色铁制格栅

导向标志设计图

设计说明：

本方案为313m²的书吧设计，主要分为阅读区（主），阅读散座区，卡座区，包厢，以及单人阅读区，整体层高为4m，使用书本变形元素来改造书架，并把书架最下排改造为生态绿道，增加人文气息，在两排书架中间做醒目的导向设计，使空间更加人性化并富有趣味性。

功能分区图 1:300

卡座区 敞座区 包厢
门厅
阅读区
阅读散座 吧台
单人
阅读区 卫生间

天花布置图 1:300

天花大样图
埋吊挂件
主龙骨
边龙骨
次龙骨

图例：
筒灯
射灯
嵌入式射灯
轨道射灯
冷光石英灯
艺术吊灯

吧台立面图 1:75

绿植
金属框架

书架立面图 1:75

111

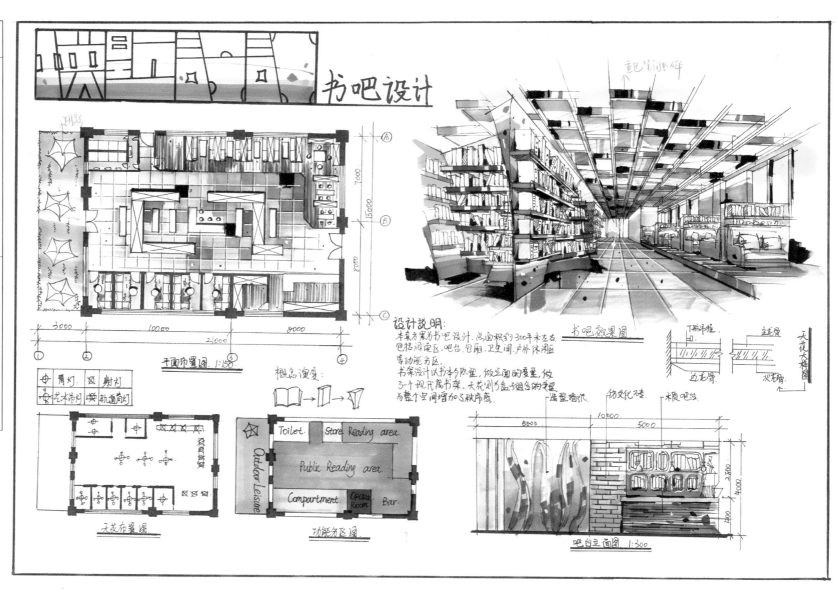

书吧设计

设计说明：
本套方案为书吧设计，总面积约为300平米左右，包括阅览区、吧台、包厢、卫生间、户外休闲区等功能分区。
书架设计以书本为原型，做立面的变更，做了3个现代书架。天花则为盒子组合的变型，为整个空间增加了秩序感。

书吧效果图

天花大样图

平面布置图 1:150

概念演变：

天花布置图

功能分区图

Toilet   Store Reading area
Outdoor Leisure
Public Reading area.
Compartment. Operate Room Bar.

吧台立面图 1:300

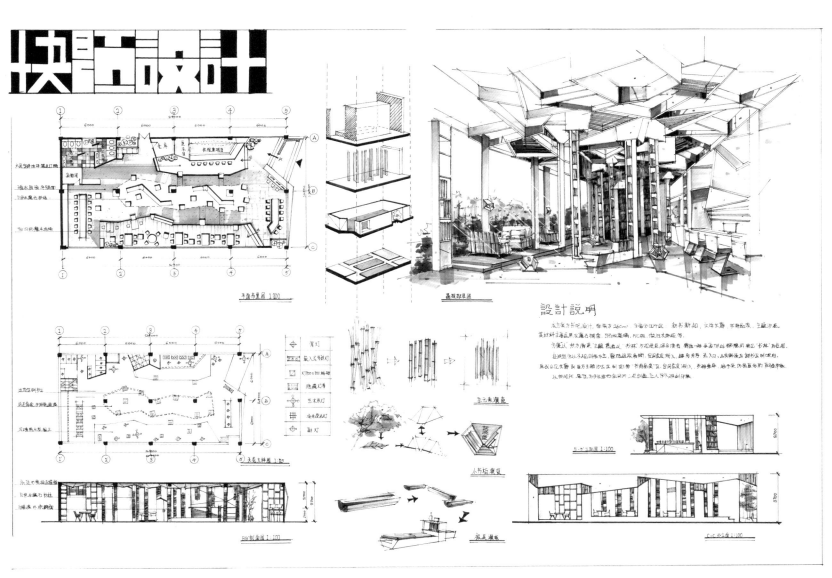

快题设计

名称：001-150211-0018

优点：

① 平面设计功能布局合理，流
线清晰，对书吧不同体验区的
设计较为全面、细致。

② 概念分析图、功能分析图较
为丰富。

③ 顶棚设计采用不规则的几何
体拼接，并通过书架把上、下
空间连贯起来，增强了空间效
果。

④ 顶棚设计表现完整，并与整
体设计一致。

缺点：

① 立面图尺寸标注不完整，材
质标注不完整。

② 室内家具沙发的造型需要再
做考虑。

设计说明

名称：201708261613_0012

优点：

① 本方案整体感强，从表现技法、设计风格再到排版都表现得很合理。

② 以方格子为主要设计元素，既符合书吧功能需求，极具现代感的设计也符合书吧的整体氛围。

③ 表现技法熟练，画面取舍得当。

缺点：

① 立面图尺寸标注、材质说明应表达完整。

② 平面图中散座区的表现应更完善、细化。

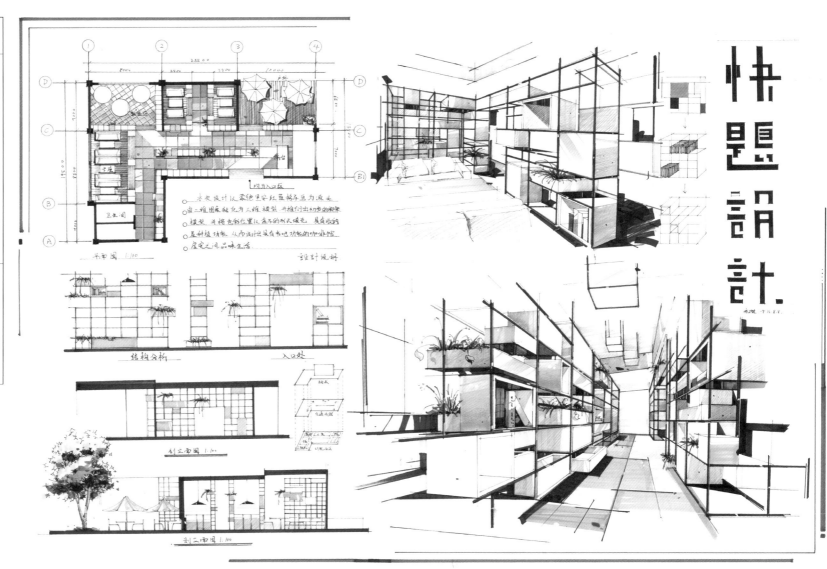

快题設計

4.3 商业空间快题设计

1. 基本概念

商业空间是指用于商业用途的建筑内部空间设计。好的商业空间设计不仅要满足功能需求，更要把功能与艺术巧妙地结合在一起。商业空间设计的艺术性体现在商业空间设计的内涵和表现形式两个方面。商业空间设计的内涵是通过空间气氛、意境，以及带给人的心理感受来表达艺术性的。商业空间设计的表现形式主要是指空间的适度美、韵律美、均衡美、和谐美塑造的美感和艺术性。

现代商业空间根据销售行为的不同、空间规模的大小，以及区域、行业的区别，造就了不同的商业空间的特点。现代商业空间大致可以分为：大型综合性商业中心、百货商场、批发商场、商业街、连锁专卖店、超级市场、零售便利店等。快题考试中常考的题型主要有：专卖店、酒店大堂、售楼部等。

2. 真题解析

（1）售楼部设计

题目要求

对 300 m² 的售楼处进行室内设计，要求设计风格突出，且具有足够吸引力，有沙盘展示区、接待处、洽谈处、办公区等空间。需绘制平面图、立面图、效果图、顶棚布置图，并附有设计说明，排版要合理、美观。

题目解析

① 设计目的：售楼部设计是房地产商营销的一个重要手段，因此，在售楼部的设计中，要能让购房者直观地了解到所售楼盘的样式、结构、设计风格等具体信息，售楼部设计的好与坏将直接影响到房地产的销售量。

② 售楼部主要功能区分析：主要功能区：接待区、模型展示区、水吧区、洽谈区、签约区、影视区。次要功能区：办公区、卫生间以及一些体验功能区（娱乐休闲区、儿童游乐场等）。

③ 入口区域分析：该区域是人们对该房地产楼盘的第一印象和最初的心理感受，入口处设计除了满足其必备的功能需求外，还应实现多元化的创作，创作令人们向往的商业空间环境。

④ 沙盘展示区：该区域是购房者了解楼盘项目信息的区域，是售楼部设计中的一个重要空间，是售楼部室内空间中的视觉中心。因此，此处设计要能充分引起购房者的兴趣与关注，通过图纸展板、区位地图、沙盘模型等各种展示手段充分展现项目的形象，催发购房者的购买欲望。

⑤ 洽谈区：此处是购房者休息、商谈购房事宜、销售人员推销楼房的区域，所以此区域要营造舒适、轻松的环境，不能造成压抑的氛围给购房者带来压力。

⑥ 交通流线分析：购房者流线分析：门厅——接待处——影视厅——沙盘展示区（包括楼盘模型展示、区域模型展示、单体模型展示、户型展示）——洽谈区——签约区。

销售人员流线分析：门厅——办公室——更衣室——售楼区。

（2）书店设计

要求：以"折叠"为主题设计一个阅读空间，平面尺寸为 12 m×9 m，高 6 m。绘制平面图、立面图、效果图、顶棚设计图各一张。朝向自定，门窗位置自定。

题目解析

① 建筑条件：建筑层高为 6 m，可以做夹层，但需要考虑楼梯的设置与表达。

② 主题设计：以某一主题为设计理念的题型在许多学校的考试中出现过，考题中往往会对该词做出详细的解释，考生需在充分理解其含义的前提下，选择恰当的设计元素对局部造型和整体空间进行设计。

③ 入口空间：入口空间是读者进入书店的第一站，接待台应位于入口处明显的位置，以便于管理、收银与咨询，该空间视野要开阔，便于工作人员观察店内情况，还要注意人流量高峰期的人流通畅。

④ 图书展示空间：按照阅览方式的不同，可分为以下两种形态。

集中式的阅览空间：阅览作为布置在图书展示区附近相对安静的区域，方便取阅图书，提升空间利用率，提升学习氛围。

分散式的阅览空间：主要考虑到读者对空间私密性的要求，空间布局灵活且更独立。

⑤ 休息空间：一般有餐饮空间、交流互动空间、休息区。

⑥ 创意礼品区：与图书展示区相邻，靠近出纳台，礼品展柜和图书展台交错布局，可以消除图书的单调感，丰富视觉效果，还能促进商品促销。

⑦ 空间流线：书店空间由多个区域组成，这些不同功能区主要通过交通流线连接贯穿，在设计时要合理规划各空间，根据人流频率设定动静区域和动线走向，提高使用效率和舒适度，并处理好空间尺度、空间变化、空间过渡。书店空间的流线设计一定要满足读者在此空间中穿行、驻留、休息和购买的需求，可形成环形网络路线，避免空间死角。货柜在空间中可形成明确的边界限定，区域内通道考虑读者驻足且同时有人通过的尺寸。如儿童图书阅览区，可考虑尽端式布局，形成半封闭的空间；在图书礼品区，可采用开放式或岛式的布局，增加往复选择的自由度；在休闲餐饮区，可采用周边式布局，减少相互干扰，以增加私密性。此外，还可以通过变换地面材质或限定高差来区分不同的空间。设计此种交通空间时，应尽量让交通简洁、明确，可适度加大通道宽度，最大限度地满足不同人流较快到达目标区域的需求。

（3）专卖店空间设计

题目实例：品牌运动专卖店设计。

要求：尺寸为 21.6 m×14.2 m，每隔 7.2 m 设置一个柱子，层高 3 m，梁下 2.7 m。

图纸要求：平面图、立面图、顶棚设计图、效果图、设计说明。

题目解析

① 空间类型：专卖店的空间类型没有严格限制，可根据自己的特长从运动包类、运动鞋类、运动服装和运动器材等方面自主选择，自由发挥。

② 区位位置：题目中没有明确说明该专卖店所在的具体位置和周边环境情况，考生在下笔之前就应确定好空间位置，比如临街商铺、百货商场内等，以便在设计中布局门窗和各功能区的位置。

③ 建筑要求：框架结构，面宽为 2 个开间（2×7.2 m），进深为 3 个开间（3×7.2m），面积约为 307 ㎡。

④ 功能要求：题目中的限定条件少，考生可根据所选定专卖产品类型和特性，在满足基础要求的同时主观地增加附加功能空间。主要功能空间应该有：入口展区、展台、展架、展区、橱窗、收银接待、休息室、试衣间，辅助功能空间有：仓库、员工休息区（更衣区）、卫生间（依据具体环境而定）等。

⑤ 橱窗设计：在专卖店空间设计属于展示空间的一种，为更好地展示与宣传品牌，必须把橱窗考虑进去，立面图必须要把橱窗的设计表现出来。

注意：快题考试中，一般建筑面积要求为 200~400 ㎡ 之间，这在实际方案中属于高端专卖店的面积了，高端专卖店不再是简单地满足功能需求，而是更加突出商品展示和品牌文化展示，空间形式多样，极具设计感，店面装修极其考究。在考试中，要注意不要把专卖店画出批发市场的效果。

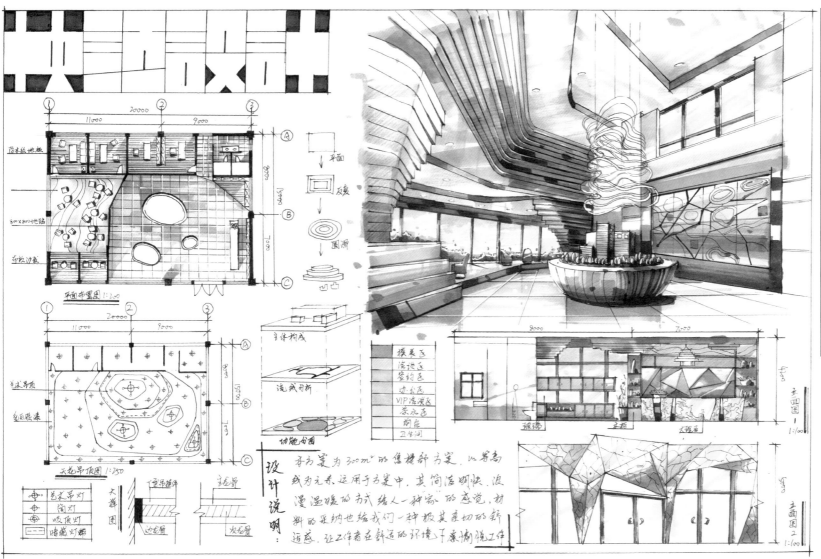

名称: 001-150211-0018

优点:
① 该方案在设计上采用曲线造型元素,把空间体量表达得很大气,突显设计特色。
② 顶棚设计较为丰富。

缺点:
① 平面设计沙盘展示区布局经不住推敲,并出现了一定的尺度问题,家具的摆放位置缺乏考虑,沙盘里的内容需要体现出来。
② 立面图下方的底线需要用深粗实线表示。
③ 概念演示图过于简单。

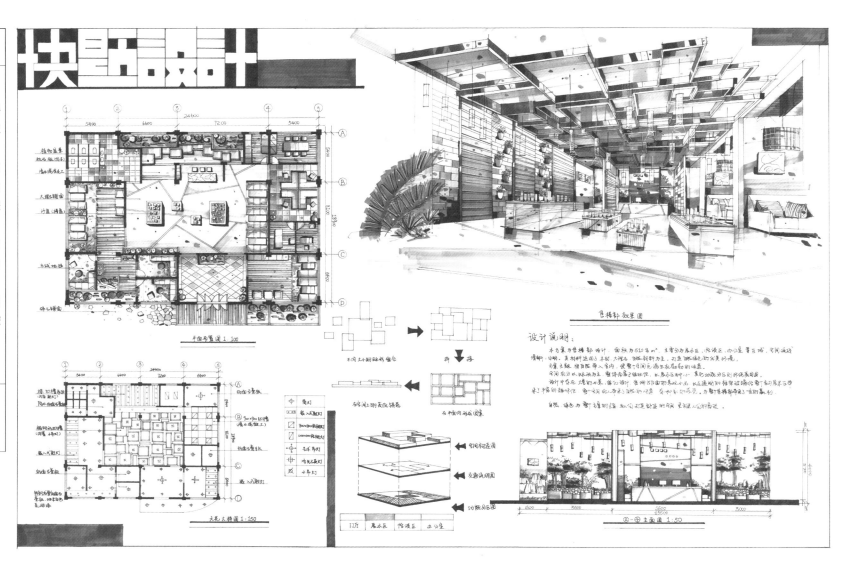

快题设计

平面布置图 1:100

天花大样图 1:150

售楼部效果图

设计说明：

⊖-⊕ 立面图 1:50

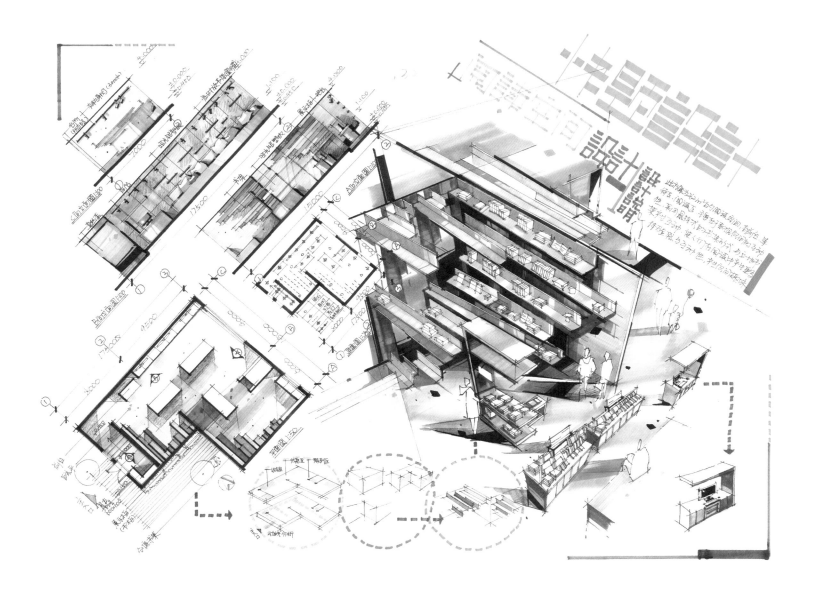

名称：201708261613_0012

优点：
① 设计新颖，书架的造型与材质构思新颖。
② 排版方式突破常用的横平竖直方式，排版整洁、主次分明，但是此类排版不容易掌控各图面的形状，在快题中需谨慎使用。

缺点：
展示书柜的设计应该是有倾斜度的，如果有倾斜度，那么展示物体是否有滑落的危险，或是透视问题。

名称：001-150211-0018

优点：
① 本方案把流水冲击石头而产生的纹理变化作为设计元素，并把这一元素大块运用于立面和顶棚设计中，设计想法独特、冲击力强。
② 表现技法熟练，并运用冷暖对比，把空间氛围表现得较到位。

缺点：
① 立面设计不足，可以采用统一元素把整个设计的张力感表现得更到位。
② 平面图功能布局简单，洗手间不宜放置在主入口处。
③ 轴线标注、材质标注等制图规范需表达完整。

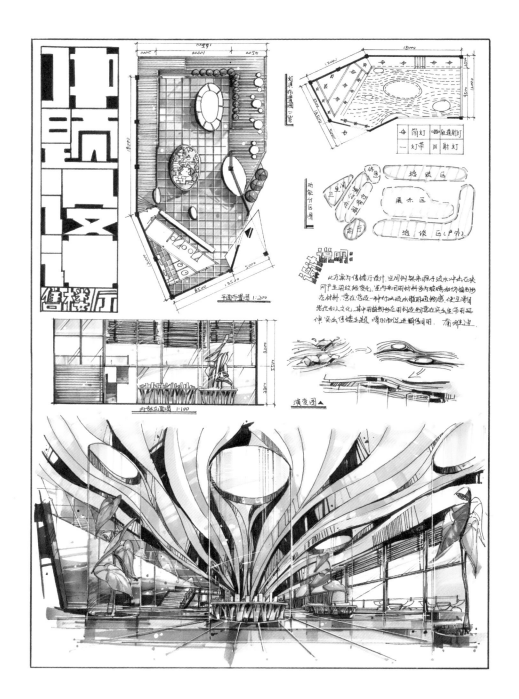

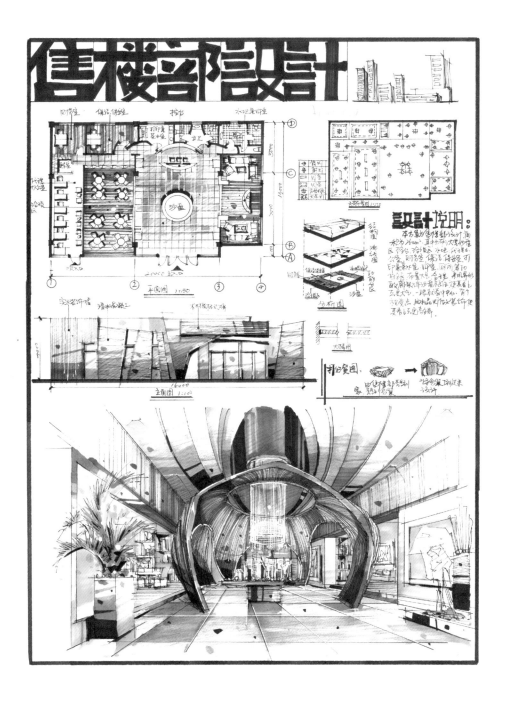

名称：201708261613_0012

优点：
① 整体画面排版整体感强，主次分明。
② 平面设计采用方正矩形的布局方式，以沙盘展示区为中心布置其他各功能区，流线清晰、合理。
③ 沙盘展示区的造型设计独具一格，体现售楼部特色，设计感强。

缺点：
① 卫生间面积过大。
② 平面图沙盘里的内容需表现完整。

名称：201708261613_0012

优点：

① 整体设计简洁又丰富，没有多余的装饰，展台通过简洁的几何体块成组呈现，顶棚设计与之呼应，整体效果突出。

② 平面布局设计较好，对公共展示区与半私密及私密空间的布局安排合理，同时布局形式具有一定变化，整体方案较好。

缺点：

次要效果图处理偏草率，立面设计内容简单，因此，整体效果弱于主效果图，在考试中经常会出现两个设计效果图的任务书要求，在排版上宜选择一大一小、一主一次，次要效果图的重要性依旧不能忽视。

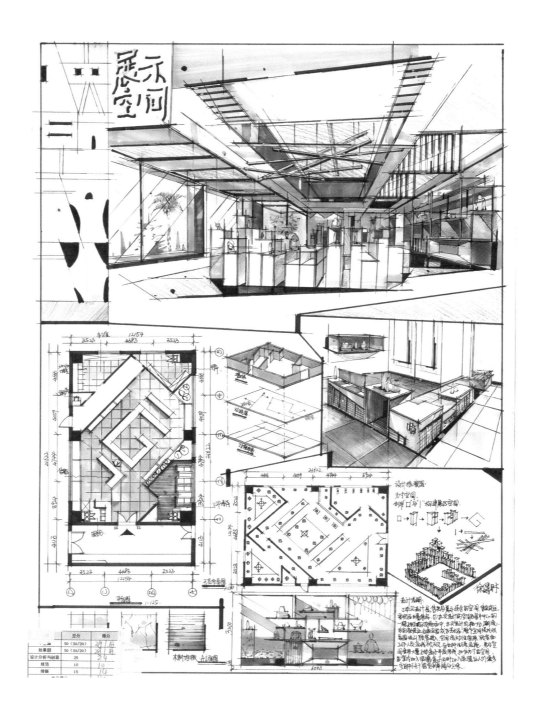

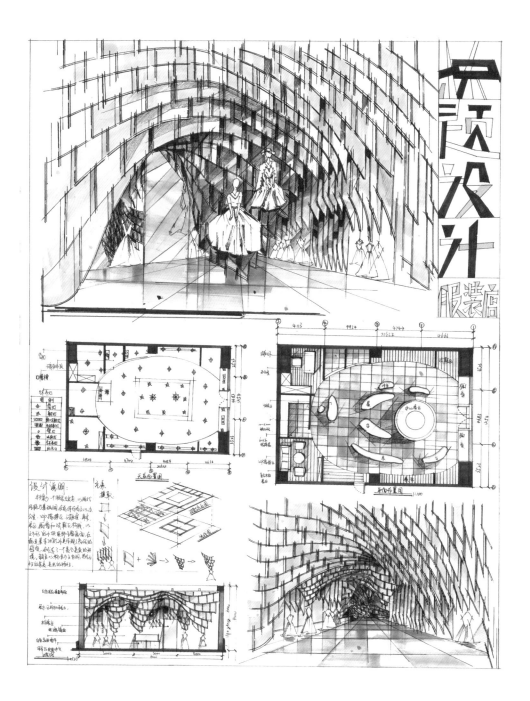

名称：001-150211-0018

优点：

① 该方案在设计手法上采用夸张的造型语言来渲染专卖店的空间主题与空间氛围，从而使画面具有强烈的视觉冲击力。但是，在考试中要注意任务书给出的室内层高要求，如果要求层高较低的情况下，不适合用此方法，在阅卷过程中会因不扣题而导致失分。

② 卷面排版整体、统一，方案整体性强。

缺点：

这类快题在考试中不宜掌控，容易出现形体不准确的情况，线稿内容较多，需要调整线稿与上色的时间分配，避免出现考试卷面不完整的情况。

名称： 001-150211-0018

优点：
① 此方案从整体排版到设计表现上都展现出高度的完整性与统一性，字体设计也不错。
② 在方案设计上采用简单的几何形拼接和高级灰色调，用一种现代简约又不失个性特点的设计方式把专卖店的氛围衬托得很到位。
③ 作者在设计中并没有把大量的商品展现出来，体现出此专卖店商品的个性，以及其独一无二的特点，彰显品质。

缺点：
① 顶棚图的灯具布局过于密集。
② 分析图可更丰富。

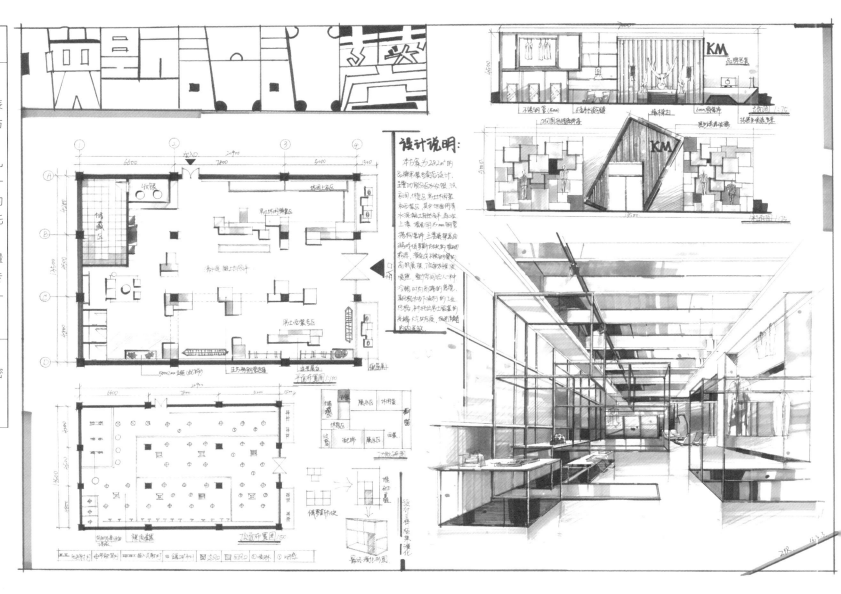

4.4 办公空间快题设计

1. 办公空间设计分析

（1）分类

办公空间可以划分为行政办公空间、商业办公空间、综合性办公空间等类型。

（2）办公空间特点

① 舒适性。对于在办公空间中工作生活的人们来说，想要达到最佳的工作状态，就要让心理与生理上都感到舒适。因此，需要设计者协调好光源、声源、办公设施及其环境中的相关因素，以达到最佳效果。

② 高效性。突出办公效率在环境中的重要位置，以节省人力、物力、财力，提高设备的利用率。

③ 方便性。突出办公用具的便捷性，同时具有综合的信息服务功能。

④ 适应性。对办公组织机构的变通、办公方法和程序的变更，以及设备更新等具有快捷处理能力，对服务设施的变更要稳妥、准确。当办公设备、网络功能发生变化和更新时，不会影响原有系统的运行。

⑤ 安全性。以保证性命、财产、建筑物安全为基准，还要防止服务器发生信息的泄露和被干扰，特别是防止数据被破坏、删除和篡改，以及系统非法或不正确使用。

⑥ 可靠性。尽量避免系统发生故障，如出现问题应尽快排除故障，力求将故障影响和波及面减至最低程度和最小范围。

（3）办公空间功能

完整的商业办公空间环境可分为内部工作空间（资料室、档案室、打印室、会议室等）、外部公共空间（接待处、洽谈处、展示体验区、休息区等）、交通空间（通道、楼梯间、电梯间、门厅等）、配置空间（消配电室、空调机房、监控室、水房等）。在个性化的商业办公空间设计中，入口公共交通区、多类型灵活洽谈服务咨询区、休闲娱乐及共享交流体验区等，都是在设计中展现作品独特魅力和体现设计想法的地方。

（4）办公空间家具人体工程学

办公家具在各个方面的设置要符合人体活动的一般习惯。办公桌一般高度在700~750 mm 之间，办公桌和办公椅的高差控制在 280~320 mm。办公桌下方要有合理的空间，方便双腿活动，缓解久坐的不适感，桌面下部的空间高度应当在600~620 mm 之间。

2. 真题解析

（1）艺术家工作室设计

建筑要求：建筑平面为 12.6 m×16.5 m，建筑层高为 3.5 m，对一厂房空间进行改造设计。

功能要求：要求满足平时对于中国画、油画的创作交流，以及文献资料查阅、茶饮洽谈、棋牌娱乐、用餐休息等基本需求，要求体现出艺术家工作室的特点。

图纸要求：平面图、立面图、效果图。

题目解析

① 题目中要求为厂房改造设计，在风格上受到一定限制，并且为钢结构。

② 功能要求明确规定为创作交流、文献查阅、洽谈、娱乐、用餐、休息等，除此之外还要注重入口、门厅、展示等空间设计。

③ 题目中要求体现艺术家工作室的特点，并且从题中不难看出这是中国画创

作艺术家的工作室。如何把中国艺术家气质与工业厂房结构风格相结合，是考生需要注意的。

注意事项

① 设计中应注意空间的视觉感受，注意营造视觉中心与亮点，尽端之处可采用造景。

② 注意区分动、静功能区，合理处理空间的私密性，讲究空间虚实结合，丰富空间形式。注意私密空间的相对封闭性和空间的相互渗透。

③ 疏散门要为平开门，注意门的开启方向。

④ 注意空间细节处理。

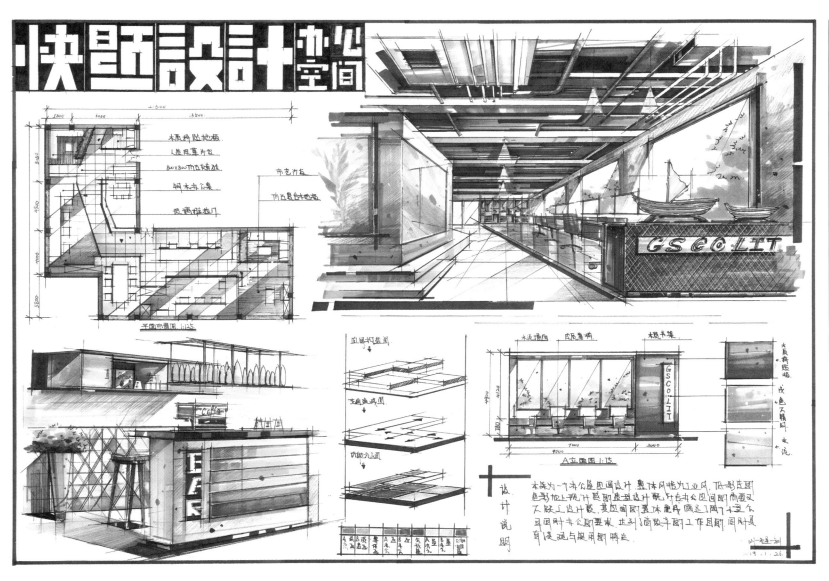

名称：201708261613_0012

优点：
① 效果图方案的氛围营造较符合办公空间特点与功能需要。
② 排版较好，主次清晰。
③ 平面布局功能合理，流线清晰。

缺点：
① 平面布局左边功能区的平面切割形式没有与空间功能结合，空间利用不当。
② 立面图设计简单、缺少内容，考试中应该选择主要立面进行表达。

127

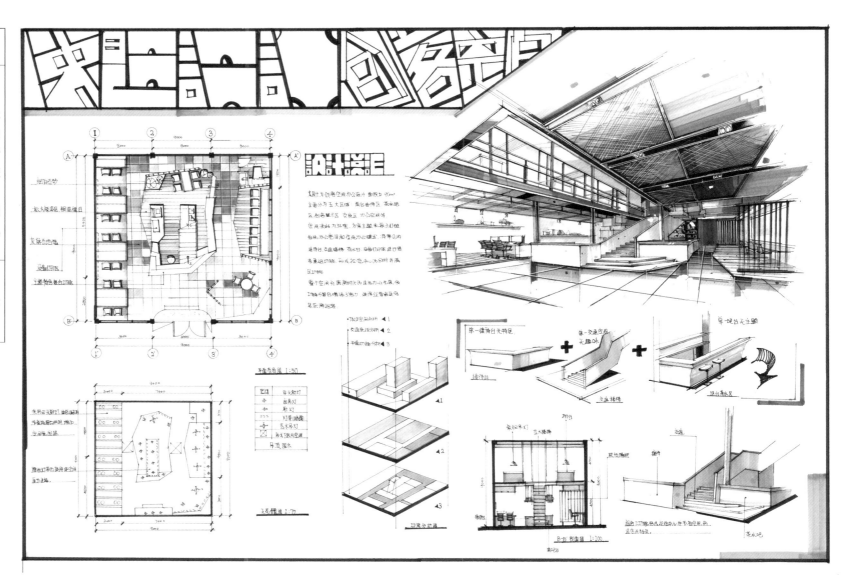

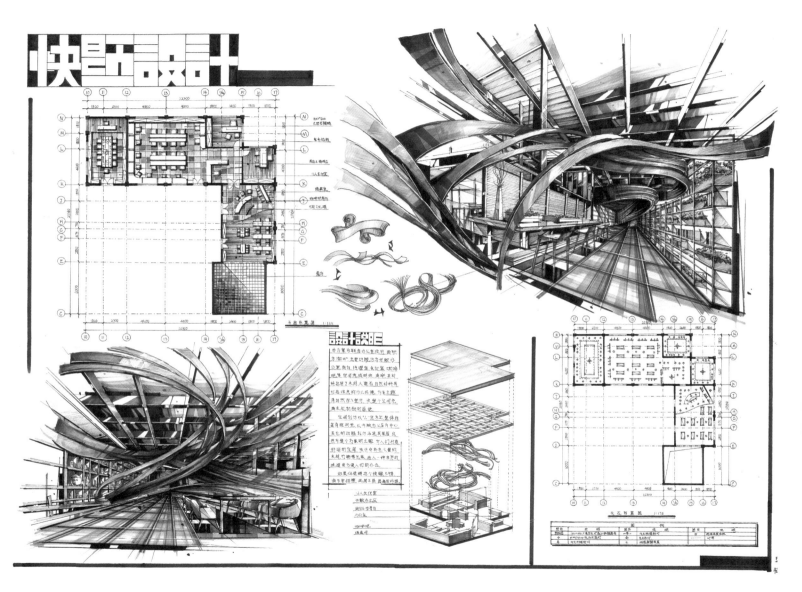

4.5 展示空间快题设计

1. 展示空间分类

从大的功能定位分，展厅空间主要分为三大类：文化空间展示、商业空间展示、专题空间展示，如大型综合博览会展示。

按展区面积来分，1000 ㎡以上为超大型展厅，600~1000 ㎡为大型展厅，100~600 ㎡为中型展厅，100 ㎡以下为小型展厅，考研快题中一般为中型展厅。

2. 设计要点分析

众所周知，展厅设计是一门综合的设计艺术，是一种实用的、以视觉艺术为主的空间设计，是一种对观众的心理、思想和行为产生影响的创造性设计活动。通过在会议、展览会、博览会活动中，可以利用空间环境，采用建造、工程、视觉传达手段，借助展具设施，将要传播的信息和内容呈现在公众面前。所以在展厅设计时，设计师要考虑的因素有很多。

（1）空间考虑

设计中要考虑展会工作人员数量和参观者数量。拥挤的展会不但效率不高，还会使一些目标观众失去兴趣，反之空荡的展会也会有相同的效果。因此，展会面积是展会空间设计要考虑的首要因素。

（2）人流安排

有的参展企业希望在展厅内有大量的能自由走动的观众来吸引其他观众，还有的企业希望只让经筛选的观众走进展厅，也许企业只希望记录经筛选的少数观众的数据，或者甚至不考虑此项工作。人流控制管理对参展企业来说是关键因素。因此，展厅设计师在开始设计时就要了解参展企业希望接待何种人群。

（3）设计简洁、和谐，避免杂乱无章

人在一瞬间只能接收有限的信息。观众行走匆忙，若不能在瞬间获得明确的信息，就不会对其产生兴趣。另外，展厅设计过于复杂也容易降低展厅人员的工作效率。展品要选择有代表性的摆设，必须有所取舍。简洁、明快是吸引观众的最好办法。照片、图表、文字说明应当明确、简洁。与展出目标和展出内容无关的设计装饰应尽量减少。

（4）突出要点

展示应有中心、有焦点。展厅设计的焦点要能够吸引观众的注意。焦点选择应服务于展出目的，一般会是特别的产品、新产品、最重要的产品或者被看重的产品。可通过位置、布置、灯光等手段突出重点展品。

（5）明确表达主题，准确传达信息

主题是参展企业希望传达给参观者的基本信息和印象，通常是参展企业本身或产品。明确的主题就是展览的焦点，应使用合适的色彩、图表和布置，用协调一致的方式造就统一的印象。

（6）功能分区

展览区、办公区（办公室、管理室、会议室、多功能厅）、交通（楼梯、电梯、过道、门厅）、公共（卫生间、休息活动区、简餐区、商店），可根据建筑面积对次要功能区进行取舍。

3. 真题解析

（1）美术展馆设计

题目要求：美术馆设计，建筑平面尺寸为 32 m×16 m，16 m 的两个边有居中的窗户。32 m 的边，一个边是实墙，一个边有一个 3 m 宽的门，居中放置。

功能要求：包括展览区、导购区、休息区、咖啡区、阅读体验区、收银区、盥洗室加后勤间，并设计 1 个上二楼的双跑楼梯。

图纸要求：要求画平面图、效果图、立面图、顶棚设计图、节点大样图，写出设计说明、尺寸标注、索引图号 、立面（剖面）符号和材质标注。

题目解析

① 此题的要求比较细，考生只需将题目所要求的内容完整地表现出来，就能拿到一个适中的分数，但是不能遗漏要点，否则会丢分。题目中对制图规范要求严格，这又是平时练习中容易忽视的地方，因此，不管题目中是否有要求，都要把制图规范表达完整，以体现自身专业素养。题目中要求设计一个上二楼的双跑楼梯，这是一个难点，平时的练习中很少会画到楼梯，楼梯的表达要准确，大样图也可以选择表现楼梯结构。

② 美术馆设计需要考虑展品的特性，把展品的展示形式与空间造型结合起来，营造不同的体验空间。在效果图表现中需要把展品表现出来。

名称：001-150211-0018

优点：
① 此题是清华的考题——科技展厅，作者采用仿生的手法，对其元素进行夸张变形，营造出一种神秘的科技感。
② 三个场景的设计也表现得很到位。
③ 版式设计很好。

缺点：
概念分析图做得不够丰富。

平面图 1：

立面图 1：

以干枯破碎的银杏叶为原表，重叠变形作为展厅墙壁的主要构造方式。顶部以异形膨胀的玻璃吊顶装饰，从而增加整个展厅空间的神秘感与科技感。这种拟教化的仿生式展厅，不仅带给观展人满满的好奇心，更是将恒陞趣味揉杂其中，达到增强互动性的目得

设计说明

科技展厅

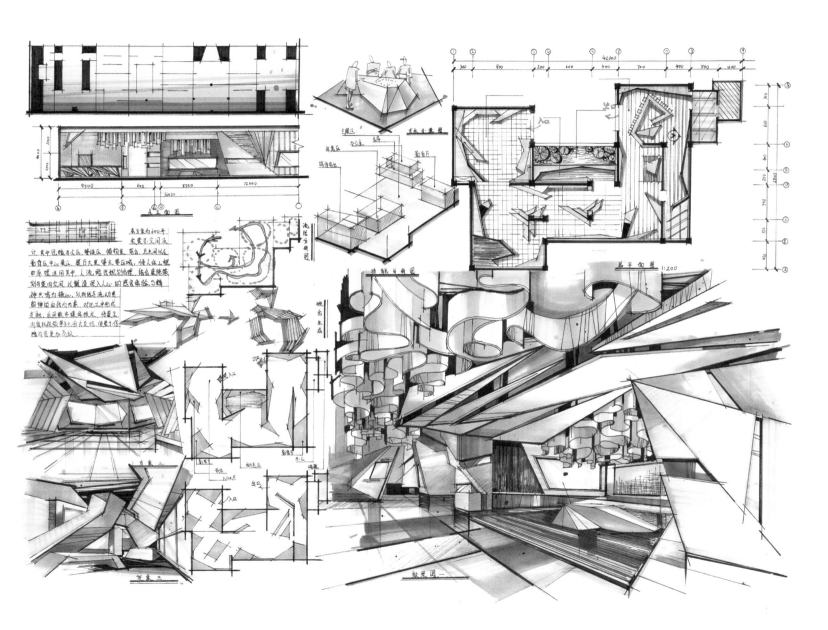

名称：201708261613_0012

优点：
① 卷面内容丰富，排版整洁、紧凑，主次清晰。
② 此类快题为展示空间快题的一类，主要内容通过立面呈现，同时以强烈的设计语言来呼应主题，因此，此快题的设计内容是比较丰富的。

缺点：
在考试中应谨慎使用整个卷面都是绿色调的形式，并且在使用中要注意绿色的冷暖、明度的搭配使用，不要采用大量纯度偏高的绿色。

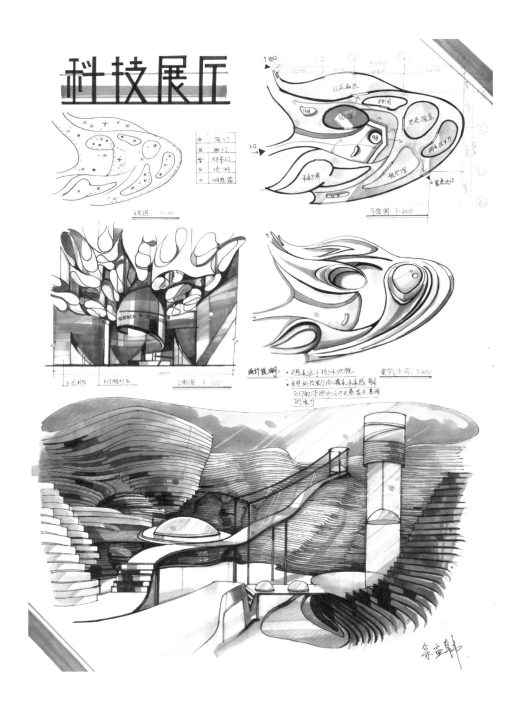

名称：201708261613_0012

优点：
① 此方案是从我国的山地梯田景观中获取的灵感，并营造出一种科幻般的空间，这种类型的快题在考查学生的创意设计的快题中特别值得推荐，学生需打开思路，不要将思维局限在条条框框之中。
② 画面整体风格统一，采用极具动感的曲线，表现效果强烈。

缺点：
设计说明偏少。

附：工装空间设计常用尺寸

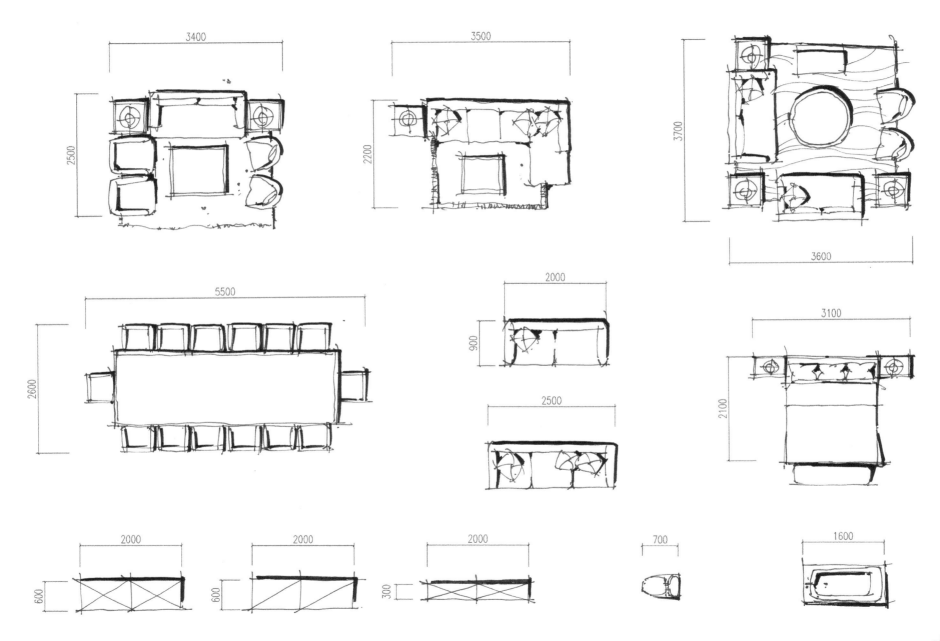

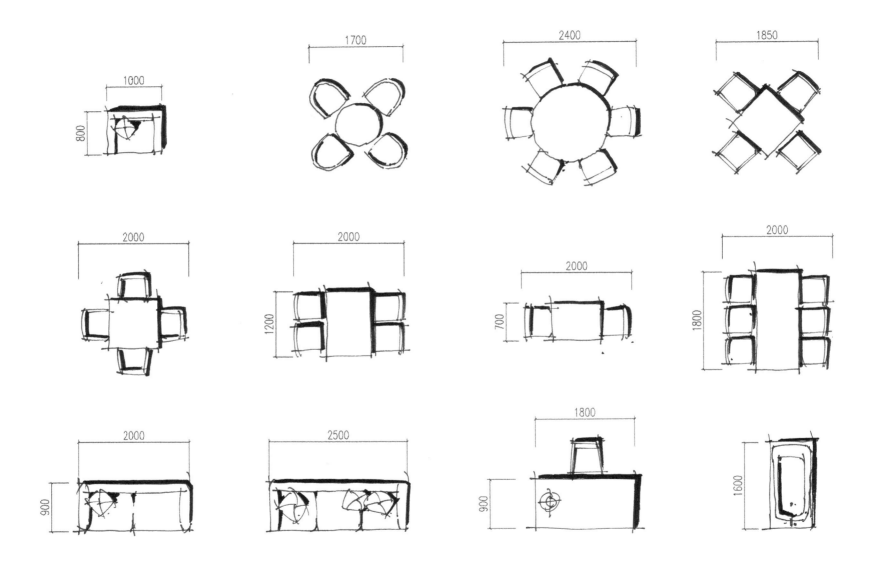

第 5 章

优秀快题设计

欣赏

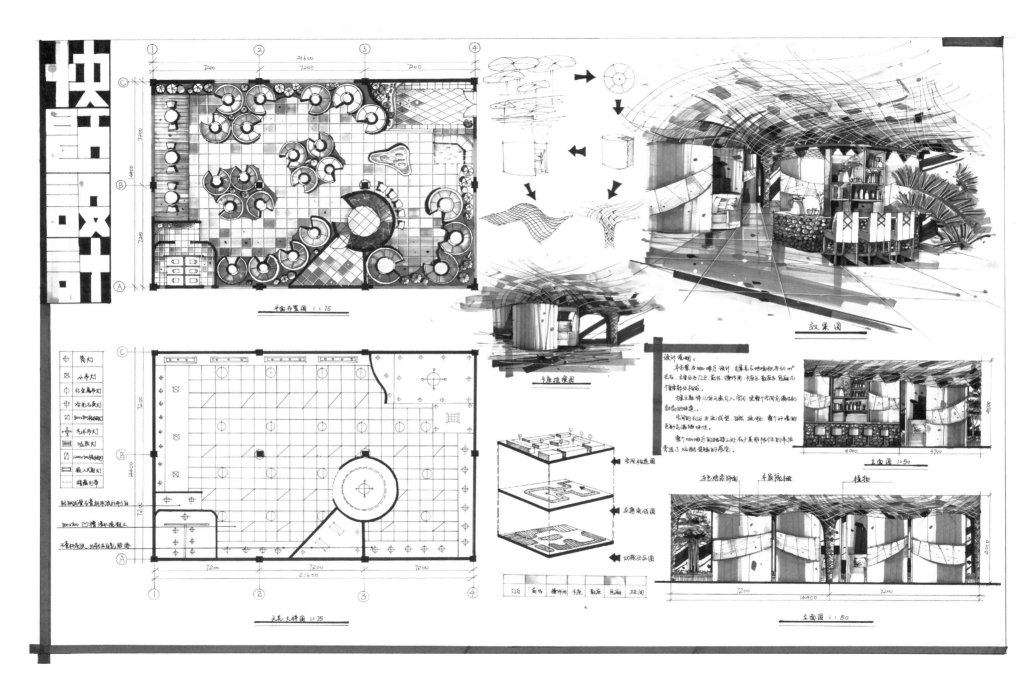

平面布置图 1:75

天花大样图 1:75

卡座推演图

效果图

立面图 1:50

立面图 1:50

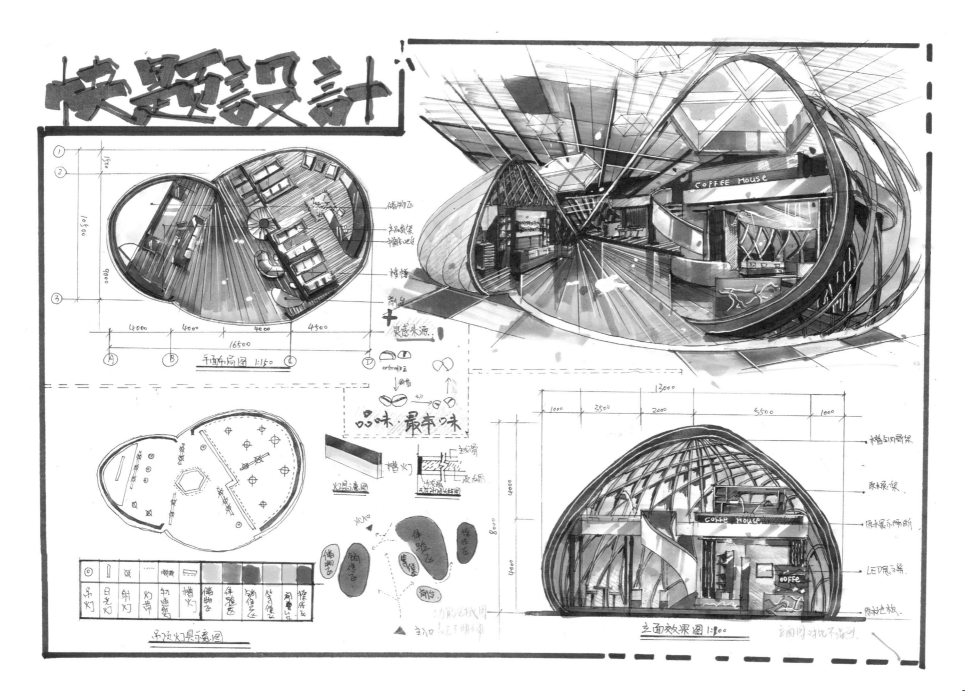

快题设计

品味·最本味

COFFEE HOUSE

平面布局图 1:150

吊顶灯具示意图

立面效果图 1:100

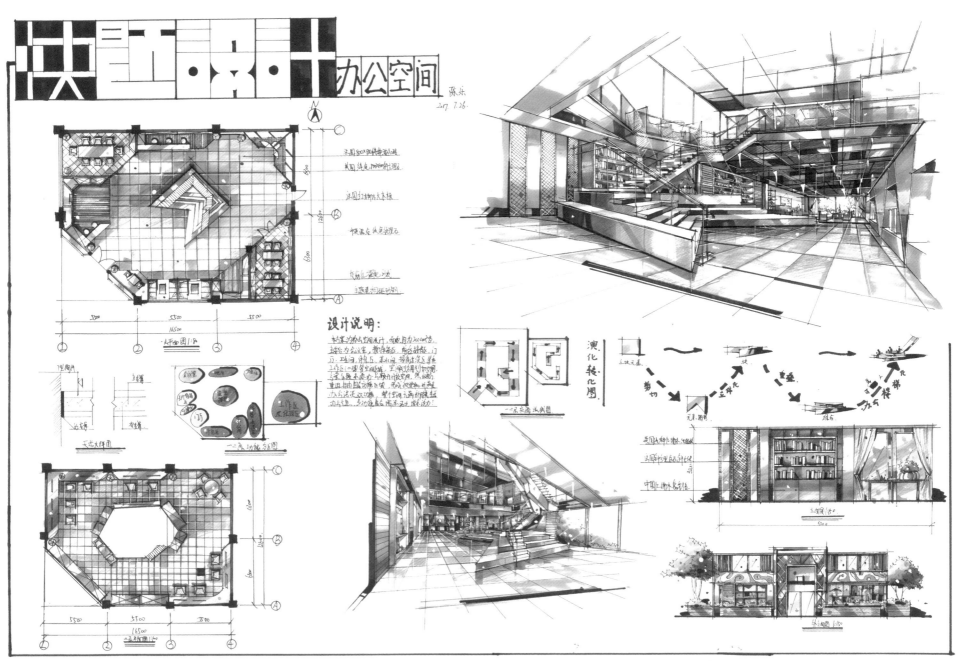

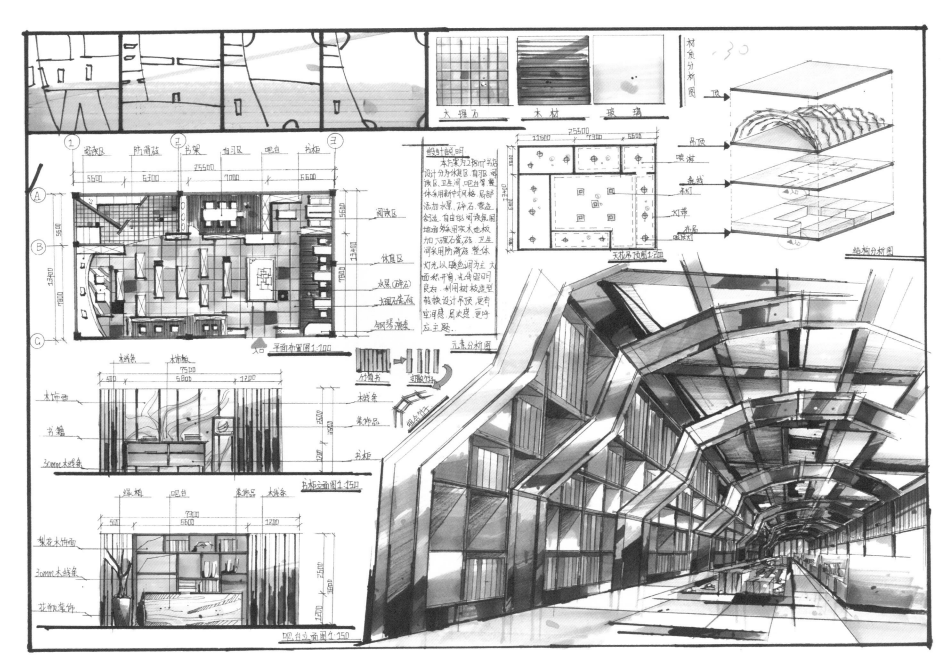

材质分析图

大理石　木材　玻璃

设计说明

本方案为2楼lm²书店设计分为休息区、自习、阅读区、卫生间、吧台等，整体采用新中式风格，局部添加水景、碎石营造舒适、自由轻松阅读氛围，地面采用实木地板加大理石瓷砖，卫生间采用防滑砖，整体灯光以暖色调为主，大面积平台，光线照明良好，利用树枝造型转换设计吊顶，更有空间感，层次感，更呼应主题。

元素分析图

竹简书　打散竹子

平面布置图1:100

阅读区
防滑砖
书架
自习区
吧台
书柜

阅读区
休息区
水景(碎石)
大理石瓷砖
钢琴演奏

木线条
木饰板

木饰面
书籍
30mm木线条

木线条
装饰品
书柜

书柜立面图1:150

绿植
吧台
装饰品
木线条

梨花木饰面
30mm木线条
花瓶装饰

吧台立面图1:150

天花吊顶图1:200

结构分析图

顶
吊顶
喷淋
象线吊灯
灯带
布局
落地灯

141

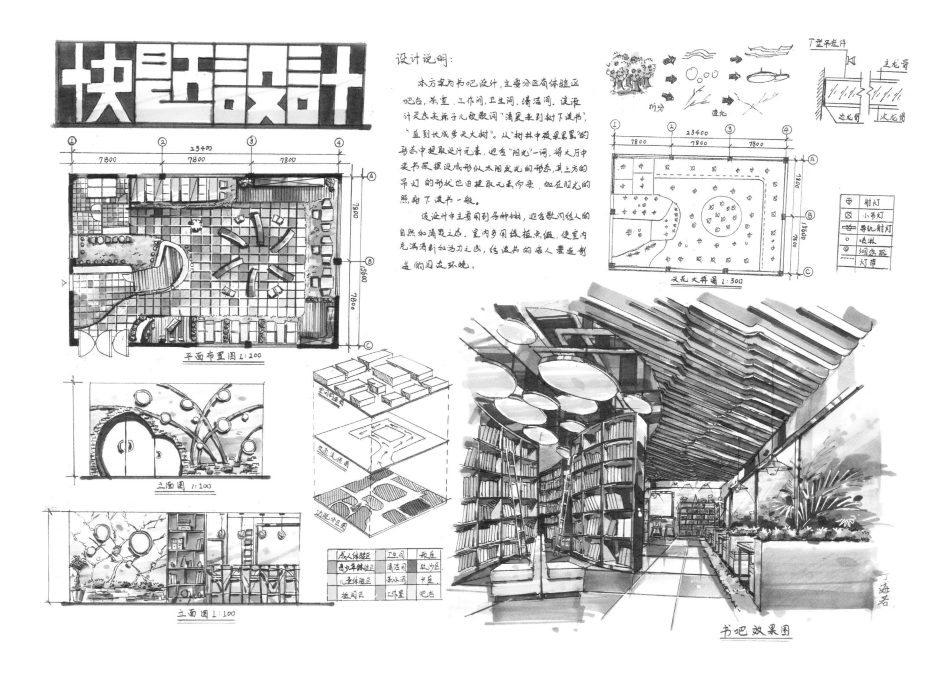

设计说明：

本方案为书吧设计，主要分区有体验区、吧台、茶室、工作间、卫生间、清洁间。该设计灵感来源于孩子儿歌歌词"清晨来到树下读书"，"直到长成参天大树"。从"树林中硕果累累"的形态中提取设计元素，迎合"阳光"一词，将大厅中卖书架设置成形似太阳发光的形态，其上方的吊灯的形状也由提取元素印象，如在阳光的照射下读书一般。

该设计中主要用到各种树，迎合歌词给人的自然和满足之感。室内多用绿色提点缀，使室内充满清新和活力之感，给读书的客人营造出舒适的阅读环境。

平面布置图 1:200

立面图 1:100

立面图 1:100

天花大样图 1:300

书吧效果图

| 射灯 |
| 小吊灯 |
| 导轨射灯 |
| 喷淋 |
| 烟感器 |
| 灯带 |

成人体验区	卫生间	茶座
青少年体验区	清洁间	幼少区
儿童体验区	茶水间	卡座
阅览区	工作室	吧台

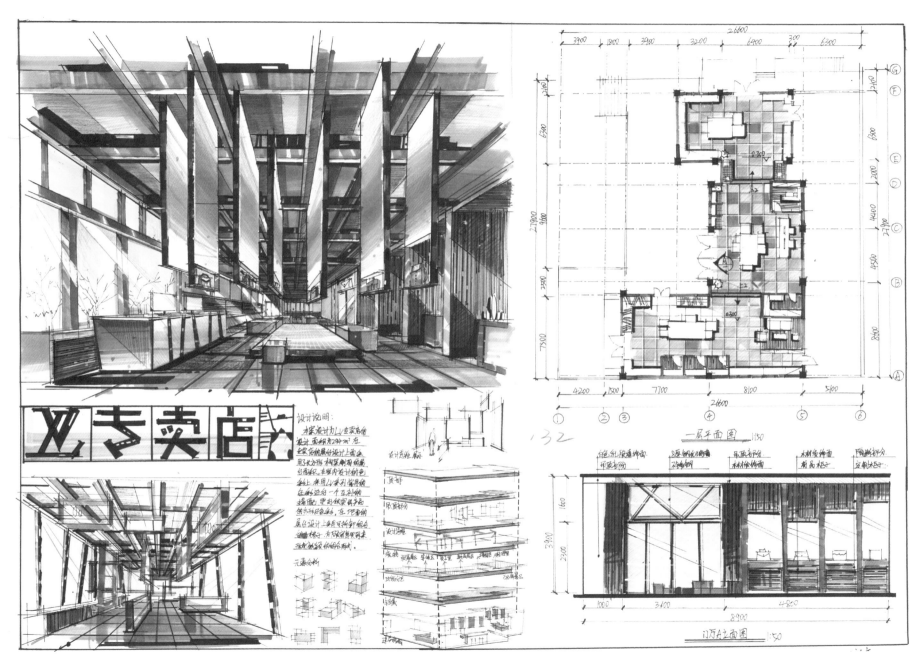

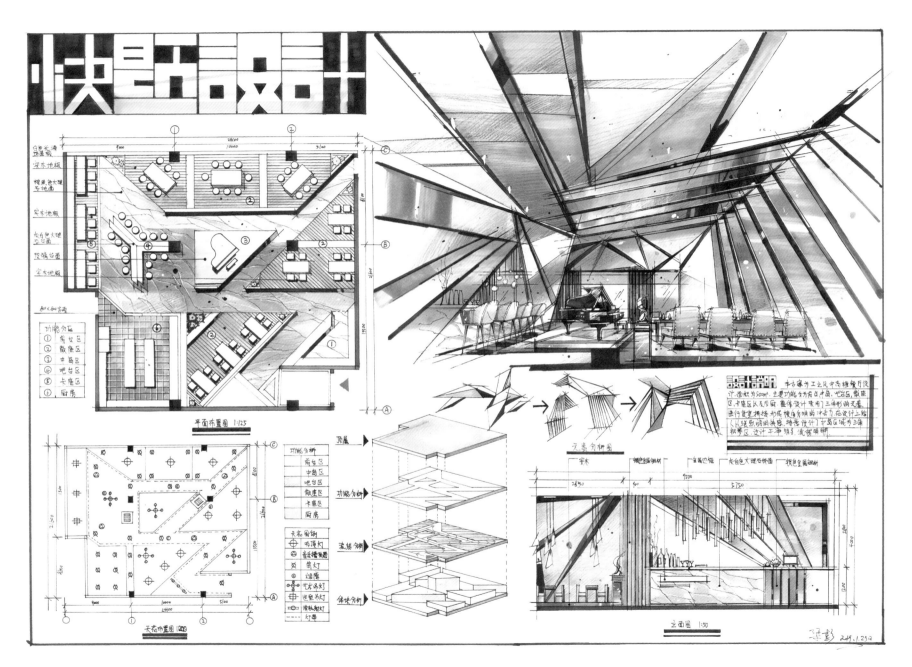

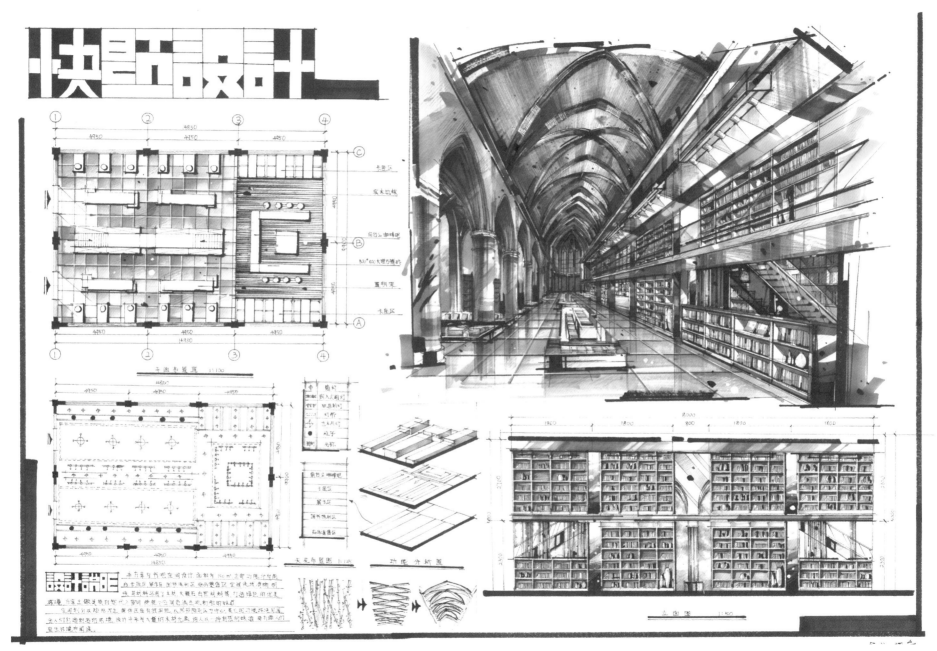

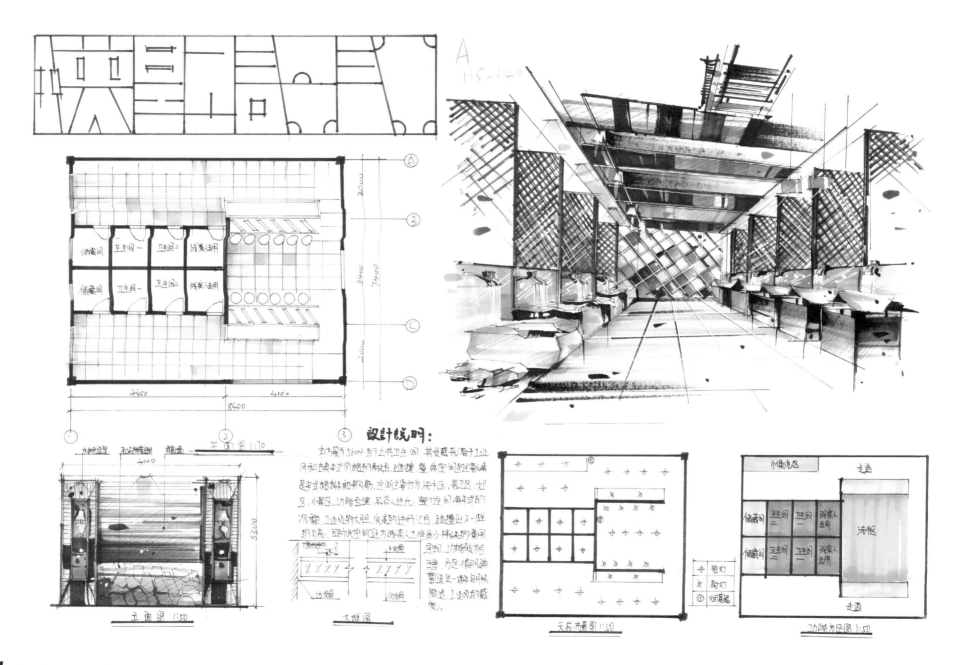

设计说明：

平面图 1:70

立面图 1:50

大样图

天花布置图 1:50

功能分区图 1:50

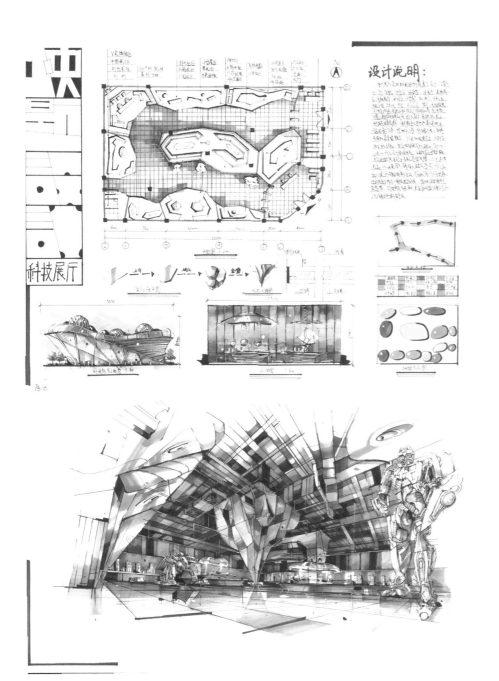

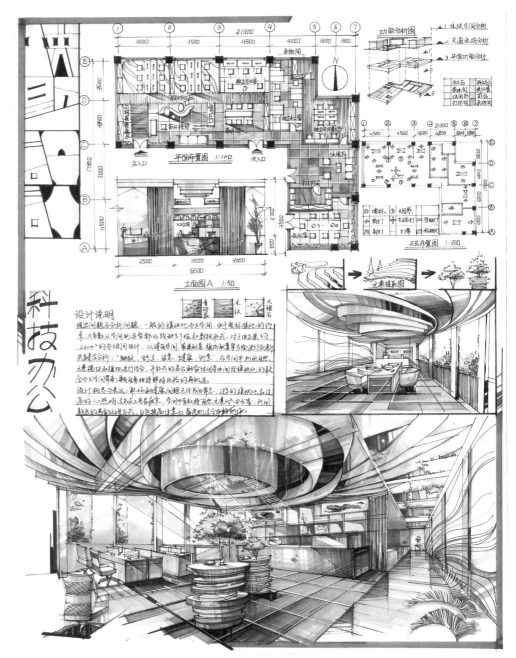

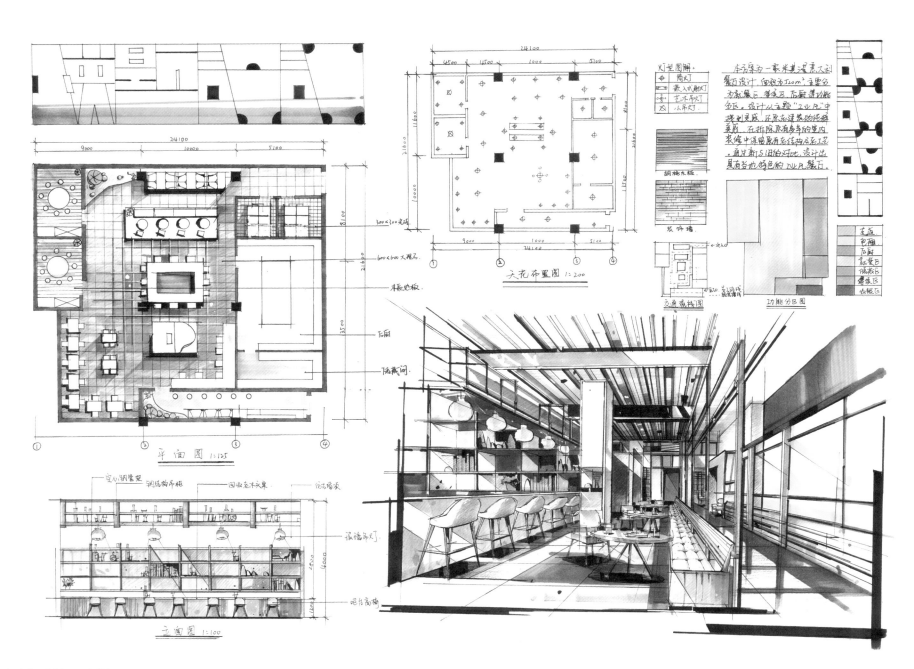

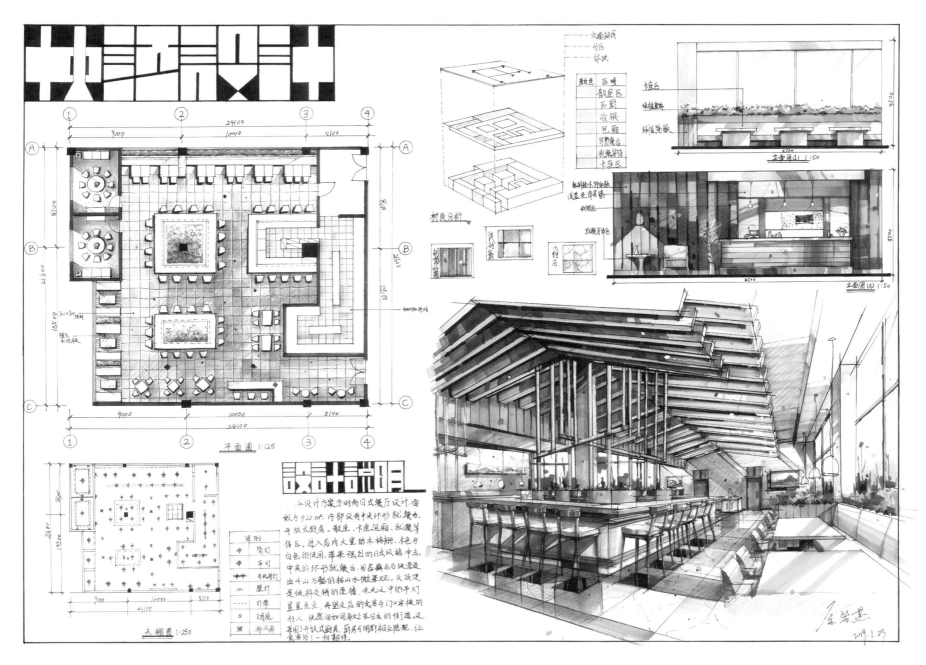

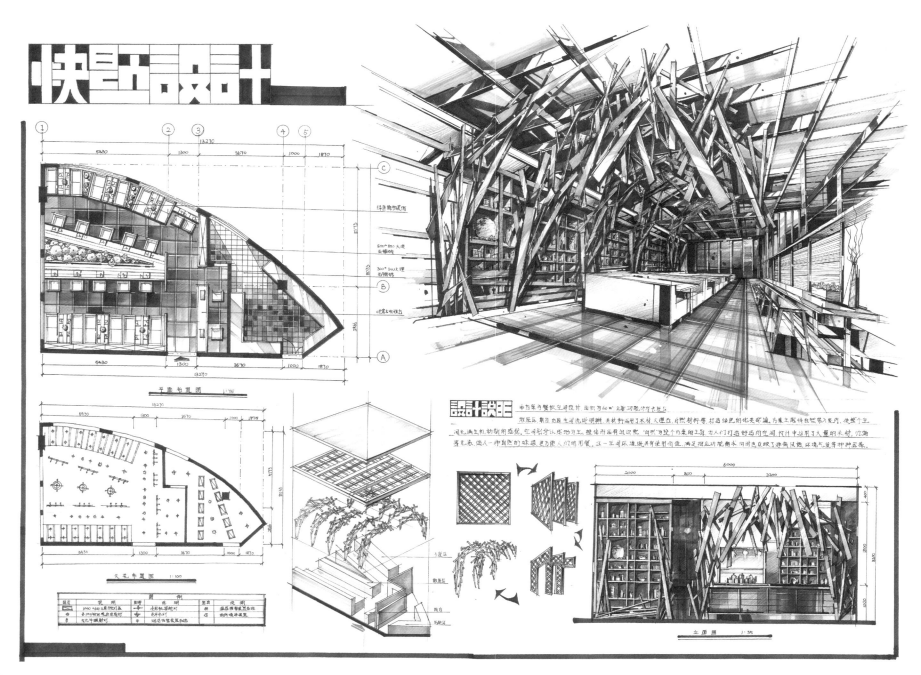

快题设计

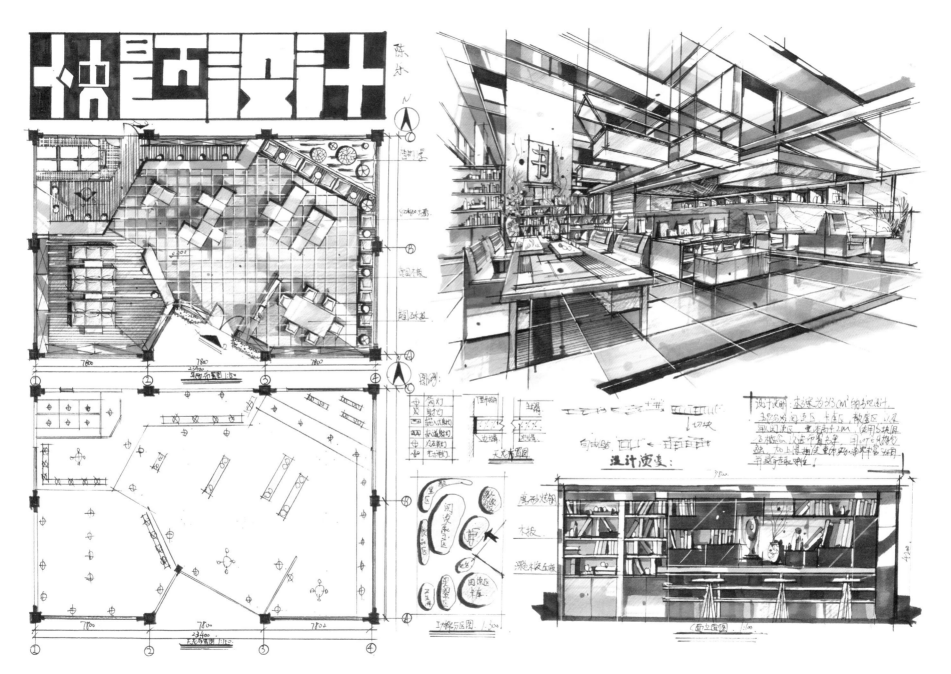

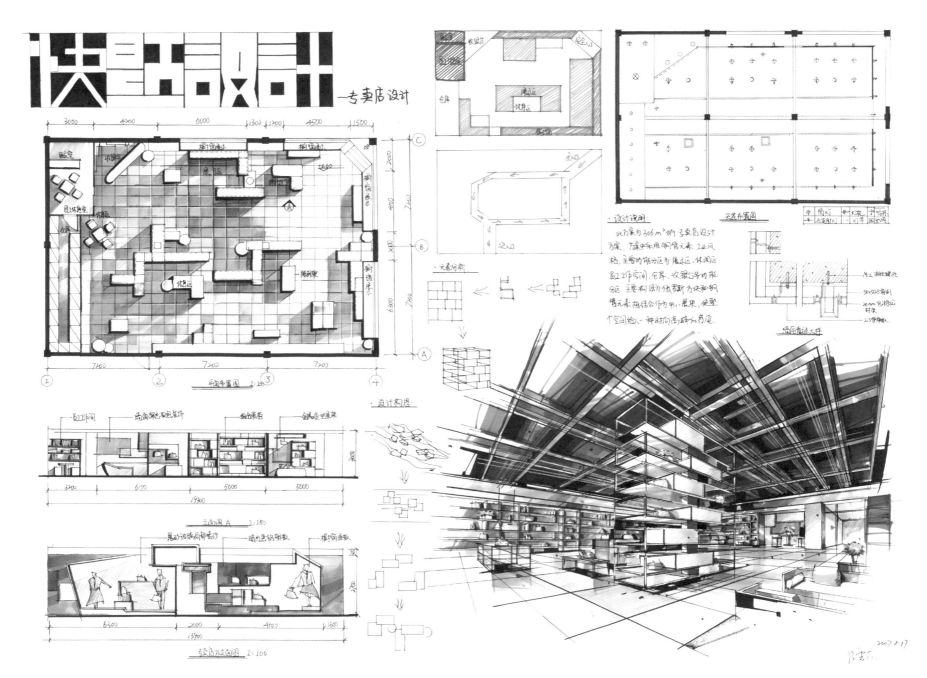

快题设计 —专卖店设计

设计说明：
此方案为306m²的专卖店设计方案。方案中采用钢管元素、工业风格。主要功能分区为展示区、休闲区及工作空间、仓库、收银指导功能区。主要构为原为切割断为块和钢管元素相结合的内心、展柜。使整个空间给人一种时尚高端的氛围。

天花布置图

平面布置图 1:100

立面图 A 1:150

专卖水平面图 1:100

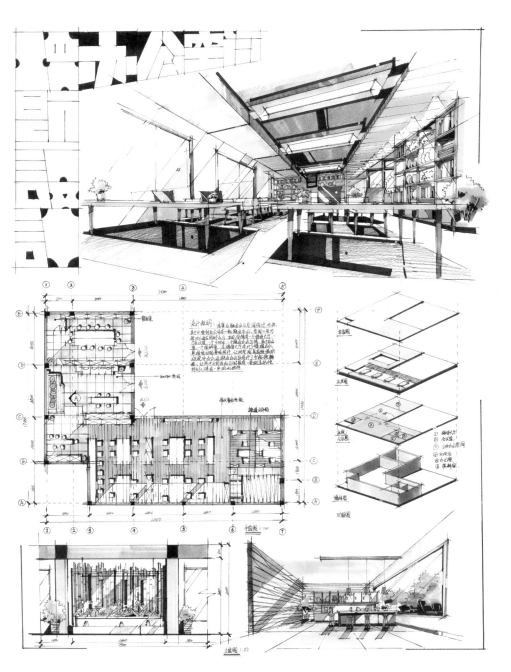

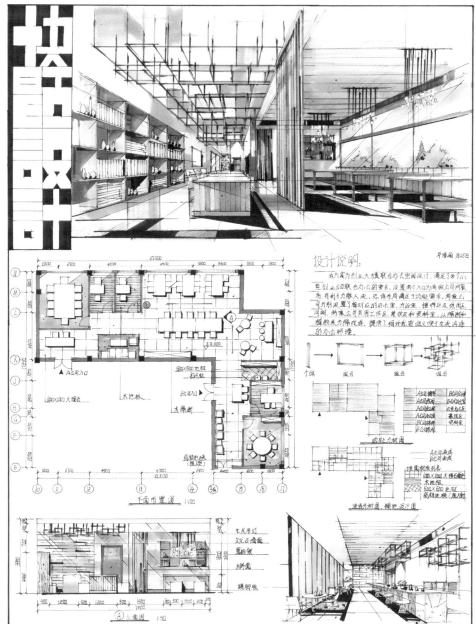

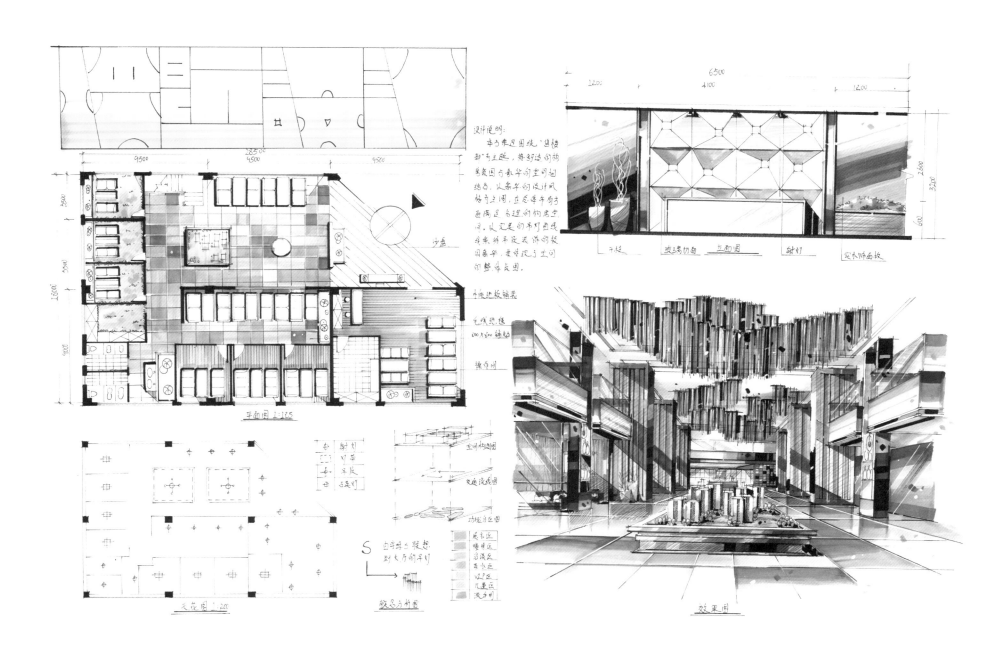

设计说明：
本方案用围绕"连接都"为主题，将舒适的构筑氛围与繁华的空间相结合，以简单的设计风格为主调，立足连车南方画隔区，合理的构房空间。从完美的书灯曲线出来将平庭装饰的绝色繁华，来营托于空间的整体氛围。

少画

木质地板铺装

无纺地毯
600×300铺贴

操原间

平面图 1:125

射灯
吊灯
主灯
多层灯

空间构成图

交通流线图

功能分区图

由平母S联想
到大厅的吊灯

展示区
楼井区
活泼区
茶水区
VP区
儿童区
洗手间

天花图 1:20

设总方析图

干枝   玻璃切面   立面图   射灯   定水体面板

6500
1200   4100   1200
2800   3200   600

效果图

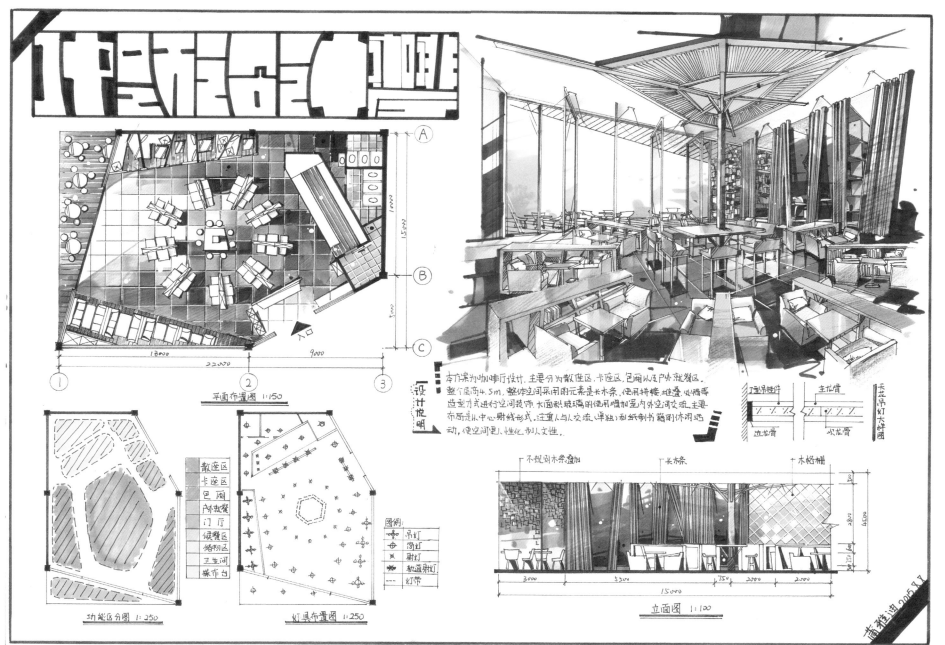

平面布置图 1:150

散座区
卡座区
包厢
户外就餐
门厅
候餐区
储物区
卫生间
操作台

图例
吊灯
筒灯
射灯
轨道射灯
灯带

功能区分图 1:250

灯具布置图 1:250

设计说明

本方案为咖啡厅设计, 主要分为散座区, 卡座区, 包厢以及户外就餐区. 整个层高4.5m, 整体空间采用的元素是长木条, 使用拼接, 堆叠, 处墙等造型方式进行空间装饰. 大面积玻璃的使用增加室内外空间交流, 主要布局是从中心射线形式, 注重人与人交流, 单独剌纸剌制书籍的休闲活动, 使空间更人性化, 制人文性.

T型吊挂件   主龙骨
边龙骨   次龙骨

天花吊灯大样图

不规则木条叠加   长木条   木格栅

立面图 1:100

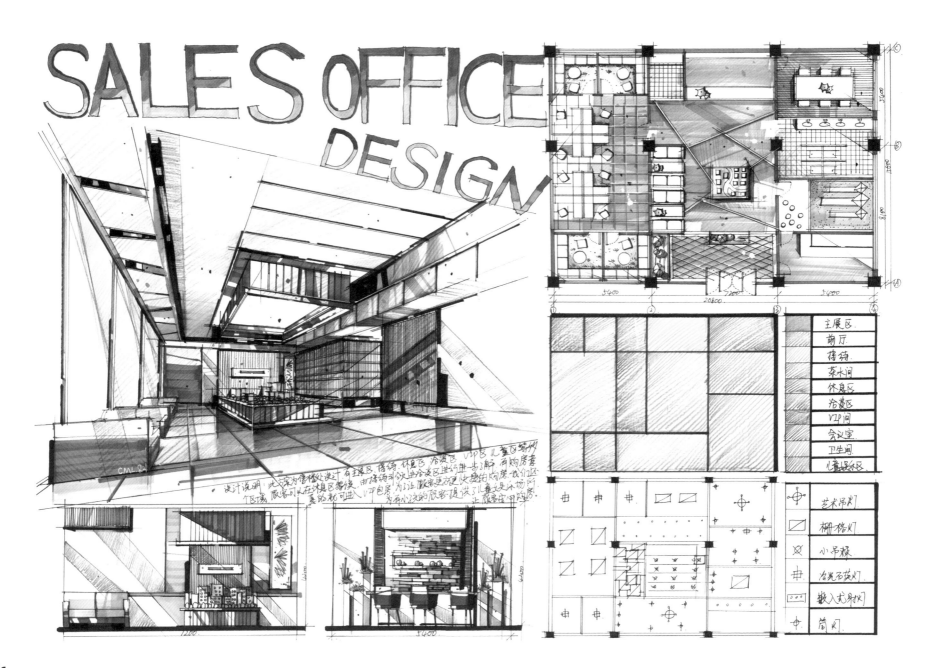

SALES OFFICE DESIGN

	主展区
	前厅
	接待
	茶水间
	休息区
	洽谈区
	VIP间
	会议室
	卫生间
	儿童娱乐区

	艺术吊灯
	栅格灯
	小吊灯
	卤光石英灯
	嵌入式射灯
	筒灯

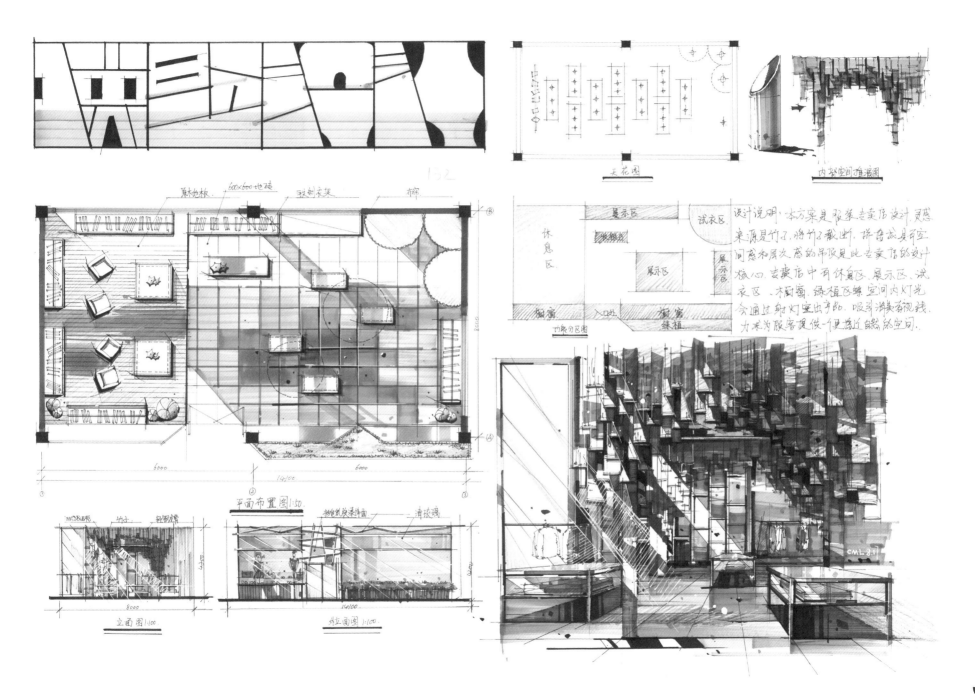

天花图

内部空间推演图

展示区 试衣区

休息区

展示区

展示区

橱窗 入口处 橱窗

绿植

功能分区图

设计说明：本方案是眼装专卖店设计。灵感
来源是竹子，将竹子截断，拼凑成具有空
间感和层次感的吊顶是此专卖店的设计
核心。专卖店中有休息区、展示区、试
衣区、橱窗、绿植区等，空间内灯光
会通过射灯突出商品，吸引消费者视线，
力求为顾客提供一个舒适、愉悦的空间。

原木地板 600×600地砖 玻璃衣架 柜

平面布置图1:50

立面图1:100

剖立面图1:100

157

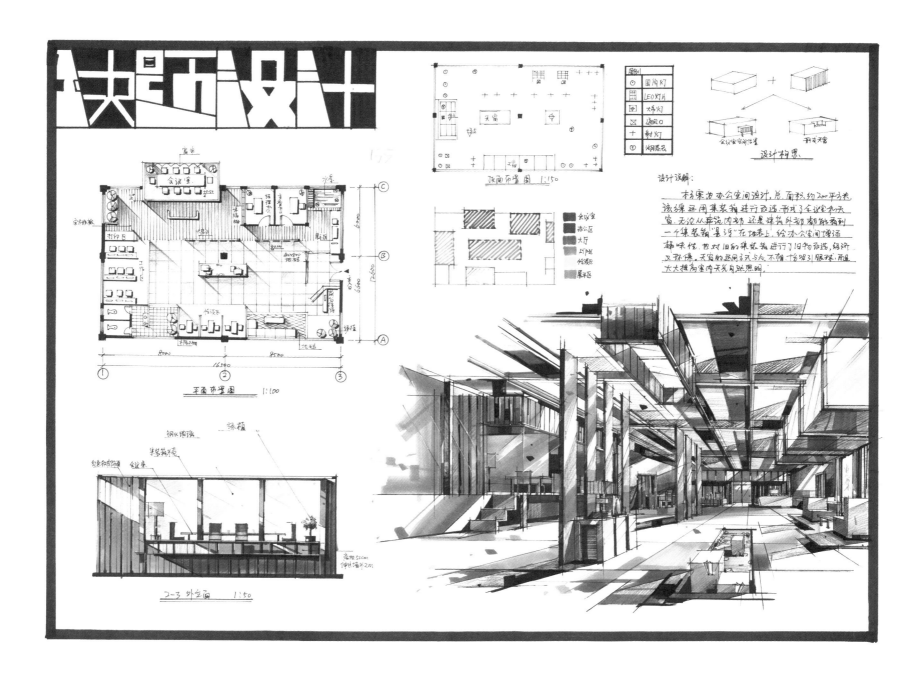

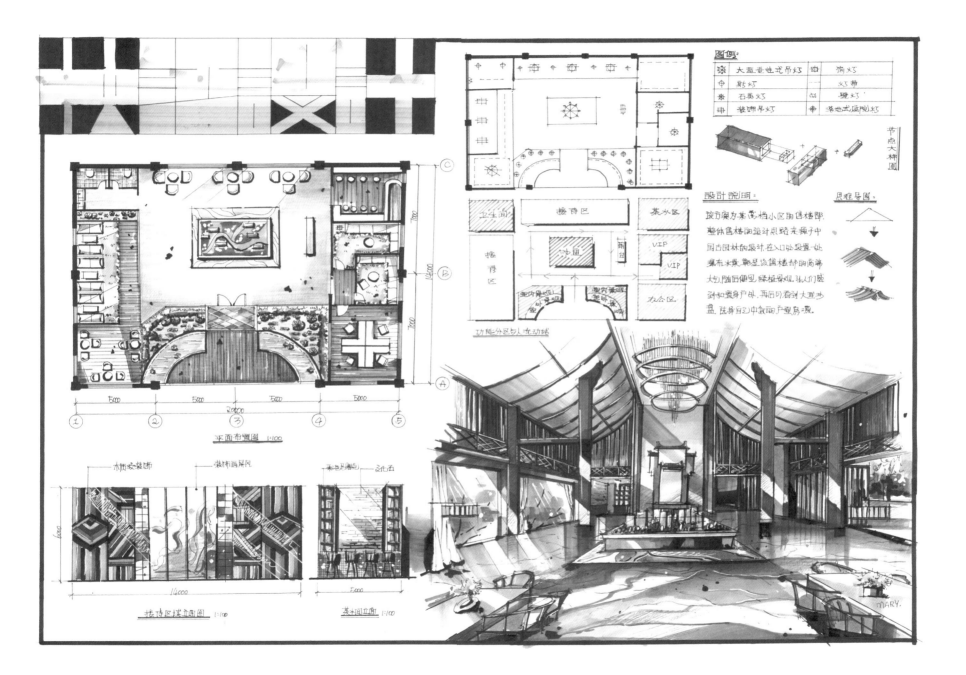

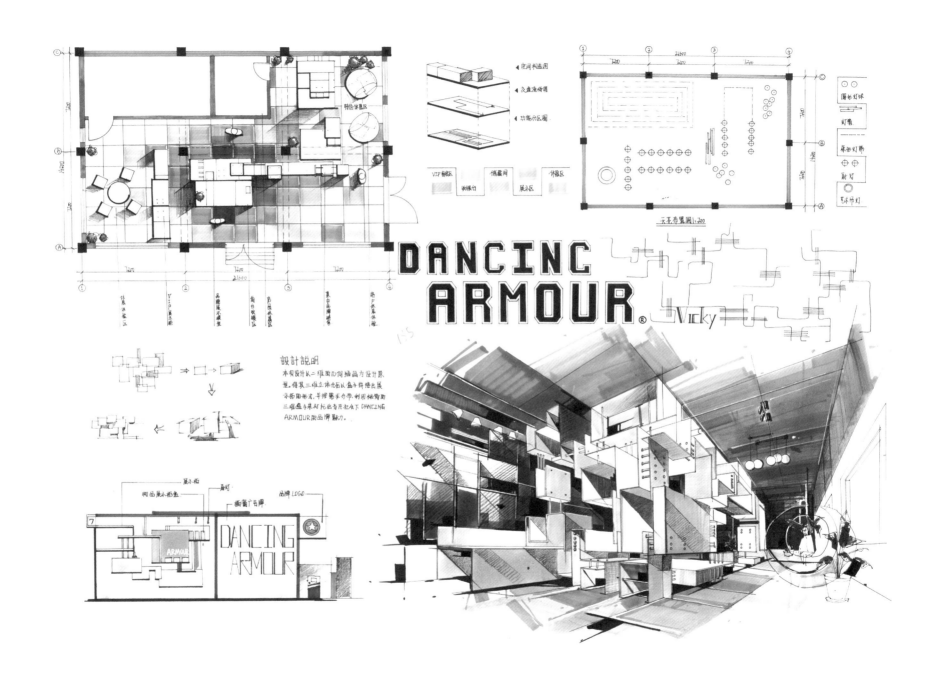

DANCING
ARMOUR® Vicky

設計說明

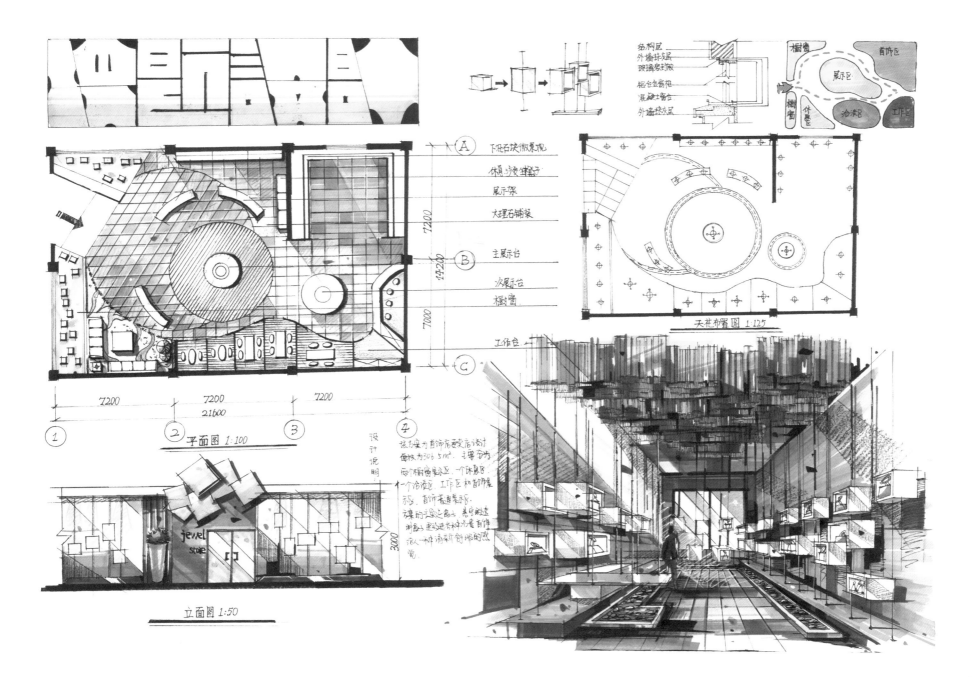

结构层
外墙珠光层
玻璃密封胶
铝合金窗柜
混凝土窗台
外墙玻璃层

橱窗　首饰区
展示区
橱窗　休息区
洽谈区　工作区

(A) 下沉石块微景观
休闲沙发椅子
展示架
大理石铺装
(B) 主展示台
次展示台
橱窗
工作台
(C)

7200
14200
7000

天花布置图 1:125

7200　7200　7200
21600

(1)　(2) 平面图 1:100 (3)　(4)

设计说明

这方案为首饰店概念店设计
面积为306.5m²，主要分为
两个橱窗展示区，一个休息区
一个洽谈区，工作区和首饰展
示。首饰是奢华之品，我希望这
方案里给人以世界中心是首饰
像一样清新创那的感觉

jewel store

立面图 1:50

3000

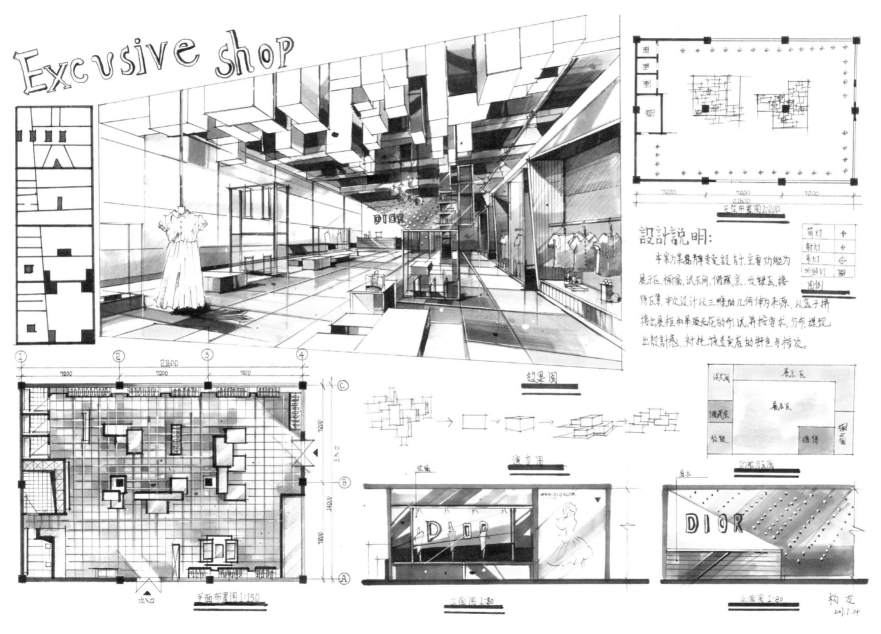

Excusive shop

設計説明:

本案力某品牌专卖設計,主要功能为展示区,橱檎,试衣间,储藏宝,收银区,接待区等,本次设计以三维的几何体为来源,从盒子拼接出展框框架呈交花的形状,并按需求,分布,提现出新颖感,针找构造变量店的特色身档次。

天花布置图1:200

筒灯	中
射灯	中
吊灯	中
吸顶灯	圆
筒楊	

效果图

	展示区	
试衣间		
储藏室	展厅区	橱檎
收銀		
	接待	

功能分区图

演变图

立面图1:80

立面图1:80

平面布置图1:150

次入口

构友
2017.1.14

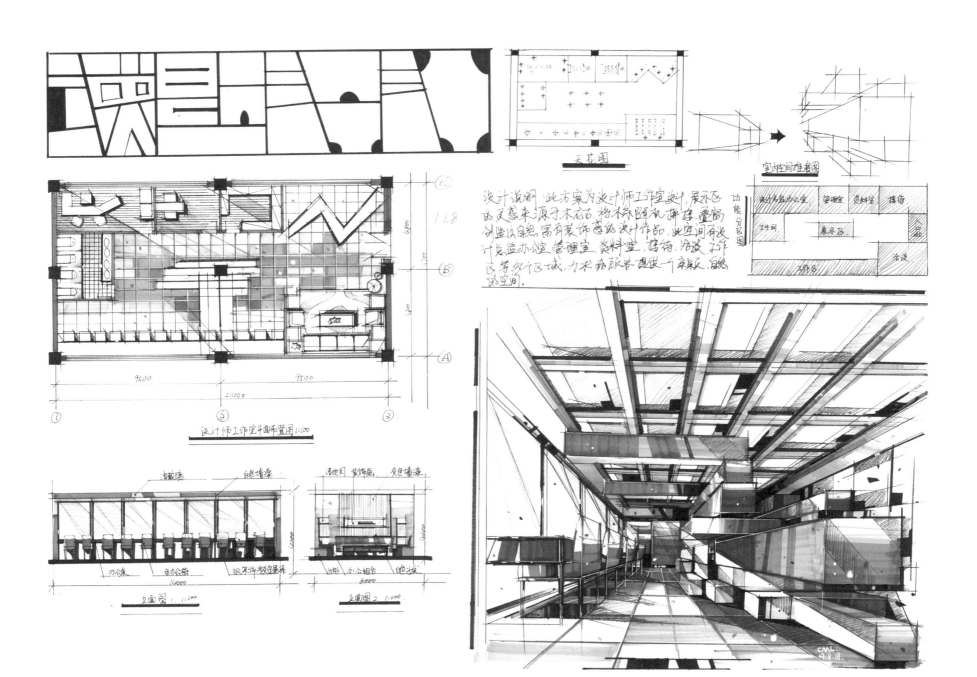

设计说明：此方案为设计师工作室设计，展示区的灵感来源于木花石，将木纹随机排序，置富有造型美感和富有装饰感和设计作品。此空间有设计总监办公室、管理室、资料室、接待、办公等多个区域，力求拓展营造使一个亲切、轻松的空间。

天花图

室内空间推演图

功能分区图

设计师工作室平面布置图1:100

9500　　　9500

21000

立面图 1:100

立面图2 1:100

平面布置图 1:125

天花布置图

设计说明:

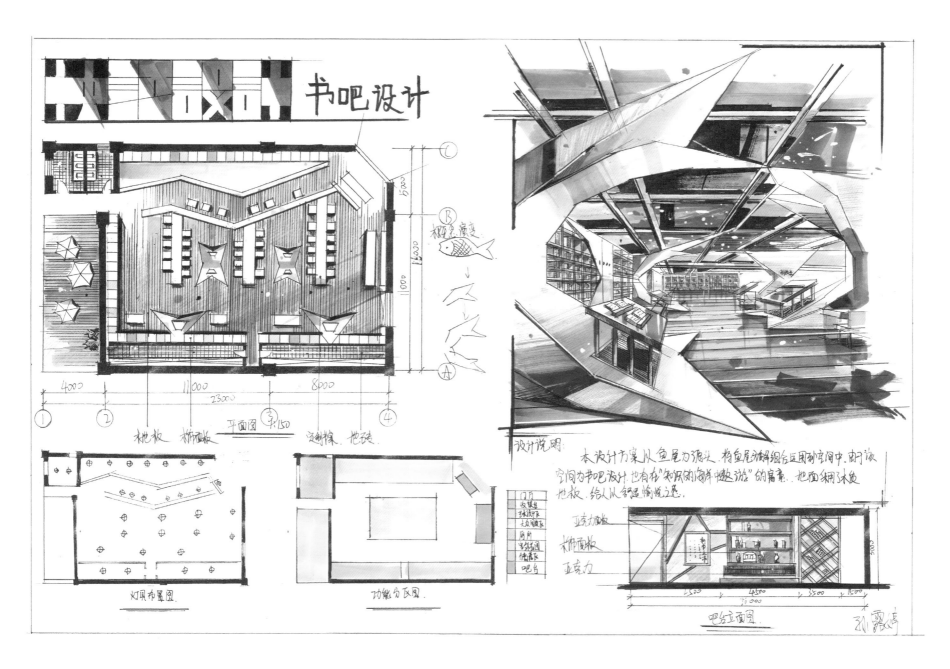

书吧设计

平面图 1:150

桃枝 装饰板 资料棕 地球

灯具布置图.

功能分区图.

设计说明

本设计方案从鱼尾为源头，将鱼尾沿海组合运用到空间中，而所做空间为书吧设计，也有在"知识的海洋遨游"的寓意。地面铺木质地板，给人以舒适愉悦之感。

亚克力面板
装饰面板
亚克力

吧台立面图.

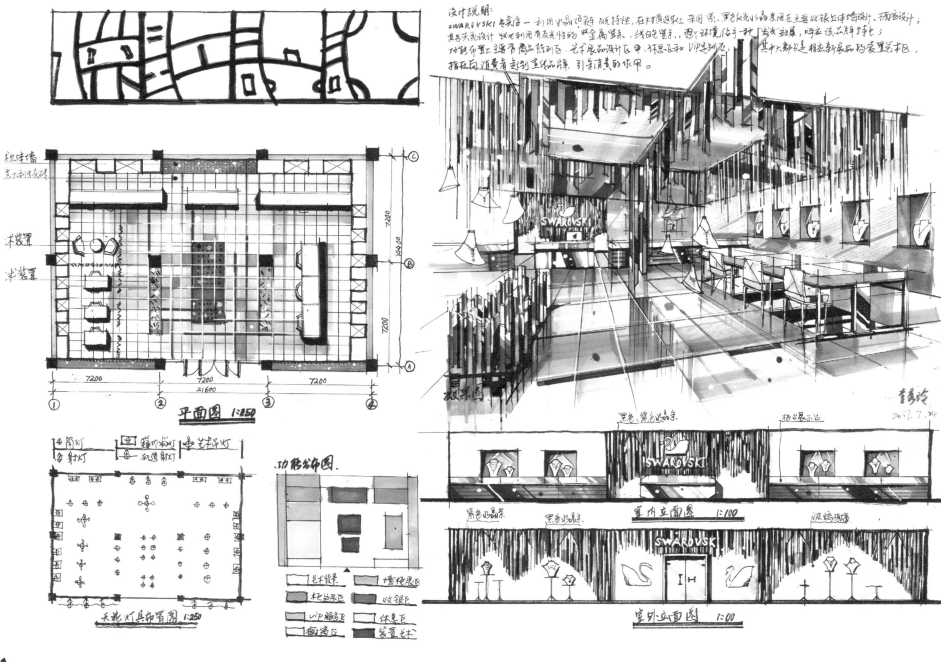

设计说明：
swarovski专卖店—利用水晶顶部折射观光特性，在木顶造型上，采用紫、黑色反光水晶来用在主要收银立体墙设计、顶棚设计；其平天花设计 灯光利用有反光性的 四金属墙系、线白色墙系，想了环境给予一种 "灯光效果，呼应该品牌字色；功能布置上主要商品陈列区，艺术展品设计区中、休息区和 VIP专制区，其中大部分是相应新展品的装置艺柜，指在向消费者走到主体品牌，引导消费的作用。

平面图 1:250

筒灯   箱内筒灯   艺术吊灯
射灯   轨道射灯

天花灯具布置图 1:250

功能分布图

艺术背景   墙面展区
柜台展区   收银区
VIP服务区 休息区
橱窗区   装置艺术

效果图

李秀玲
2017.7.24

黑色、紫色水晶条   柜台展示色

紫色水晶条   黑色收银台   室内立面图 1:100   玻璃顶道

室外立面图 1:100

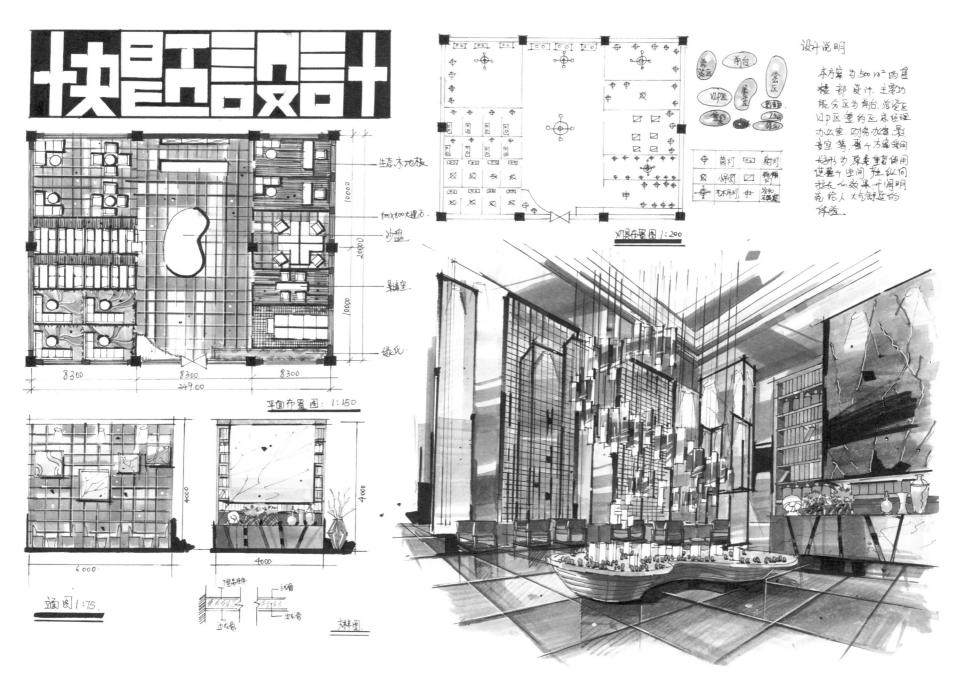

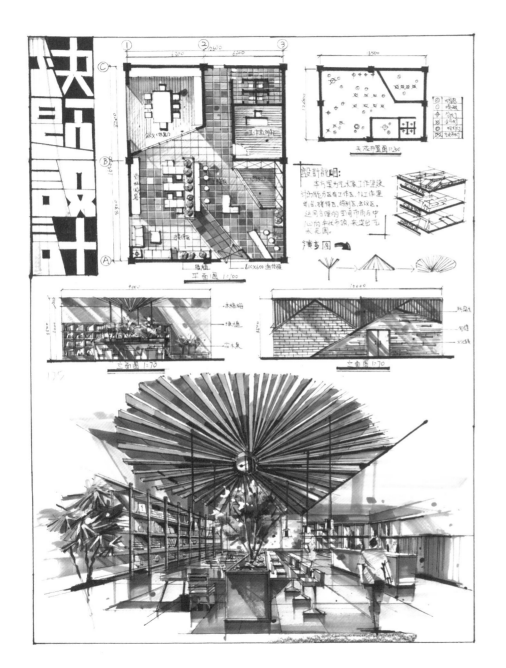

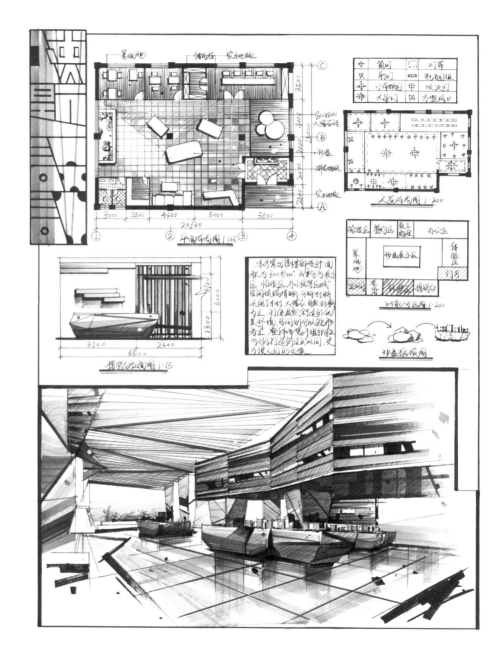

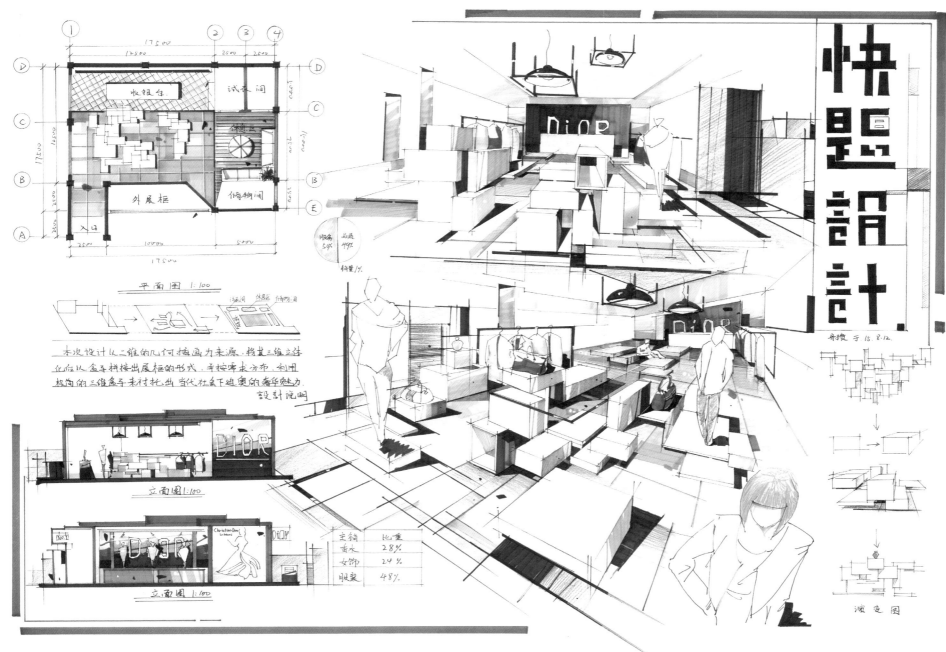

平面图 1:100

收银台　试衣间

外展柜　储物间

入口

立面图1:100

立面图1:100

本次设计以二维的几何插画为来源，将其三维立体化后以盒子拼接出展柜的形式，并按需求分布，利用极简的三维盒子来衬托出当代社会下迪奥的奢华魅力。

設計說明

快題設計.

并绘于 15.8.12.

演变图

主销	比重
香水	28%
女饰	24%
服装	48%

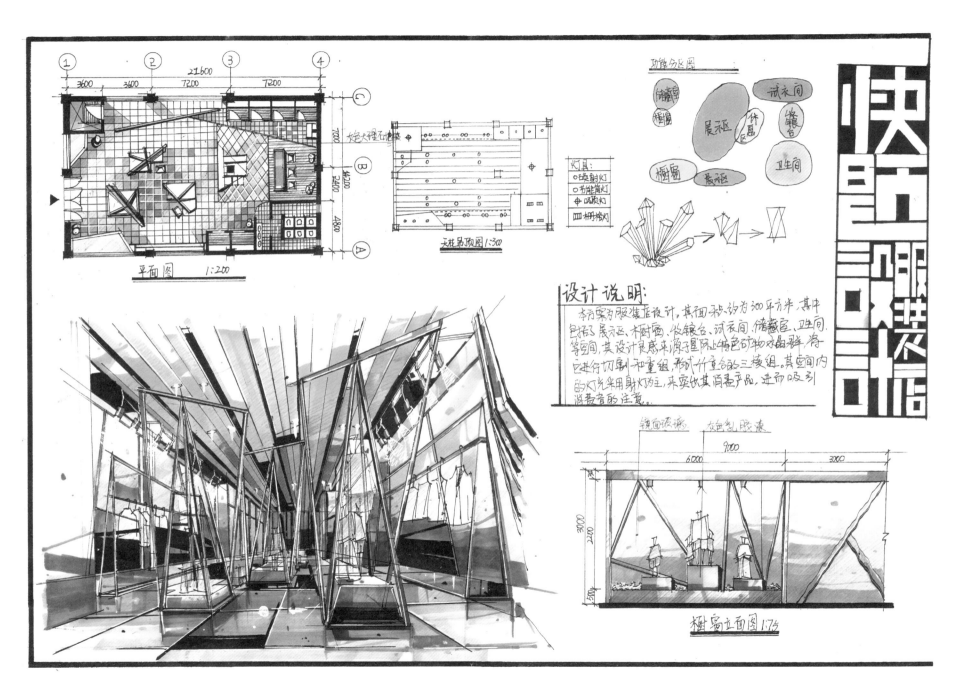

平面图 1:200

天花吊顶图 1:300

功能分区图

设计说明:

本方案为服装店设计,其面积约为300平方米,其中包括了展示区、木厨窗、收银台、试衣间、储藏室、卫生间等空间,其设计灵感来源于星际上特色矿物水晶群,将它进行切割和重组,形成十童合的三棱组,其空间内的灯光采用射灯为主,来突出其消蓄产品,进而吸引消费者的注意。

橱窗立面图 1:75

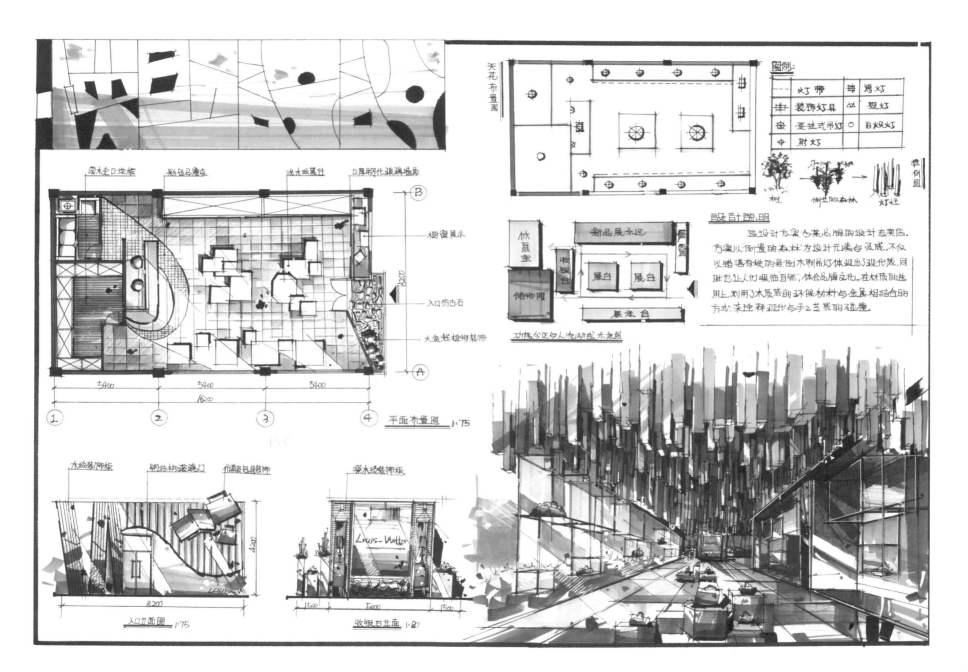

天花布置图

图例:

--- 灯带		筒灯	
装饰灯具		射灯	
垂挂式吊灯		日光灯	
射灯			

设计说明

该设计方案为某品牌而设计专卖店。方案从倒置的森林为设计元素与灵感,不仅以错落有致的悬倒木删制吊灯体现出现代感,同时也让人们亲临自然,体会品牌文化。在材质的选用上,利用了木质感的环保材料与金属相结合的方式来诠释现代与手工艺感的碰撞。

功能分区与人流动线示意图

原木企口地板　　彩色马赛克　　浅木纹展台　　D厚钢化玻璃墙面

橱窗展示

入口仿古石

大盆栽植物装饰

5400　　5400　　5400

16200

① ② ③ ④　平面布置图 1:75

木纹装饰板　　钢结构玻璃门　　仿皮包层装饰　　深木纹装饰板

Louis·Vuitton

入口立面图 1:75

8200

收银台立面 1:80

1500　5000　1500

171

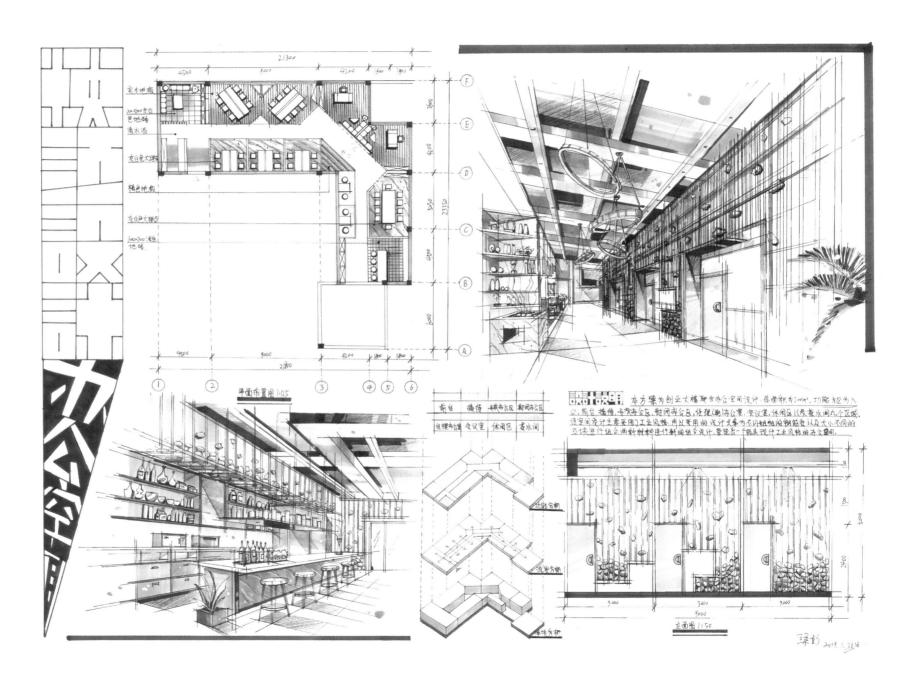

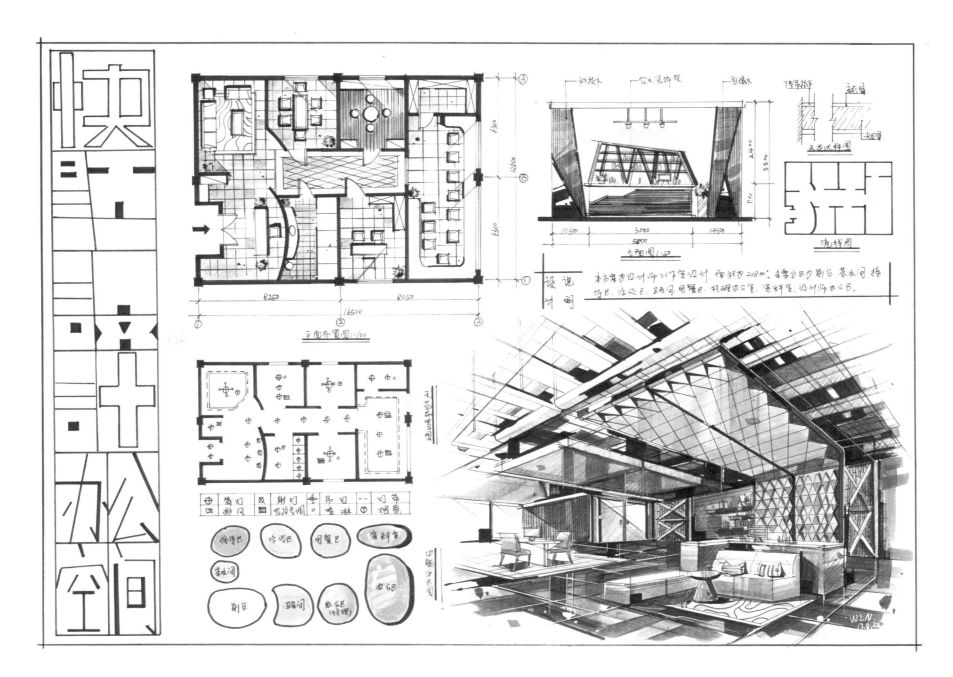

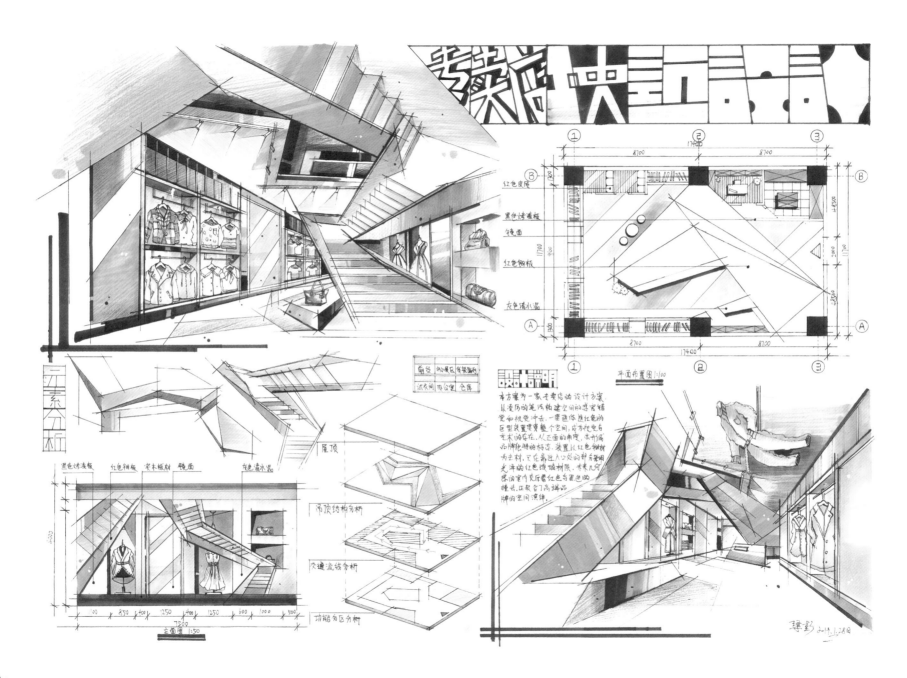

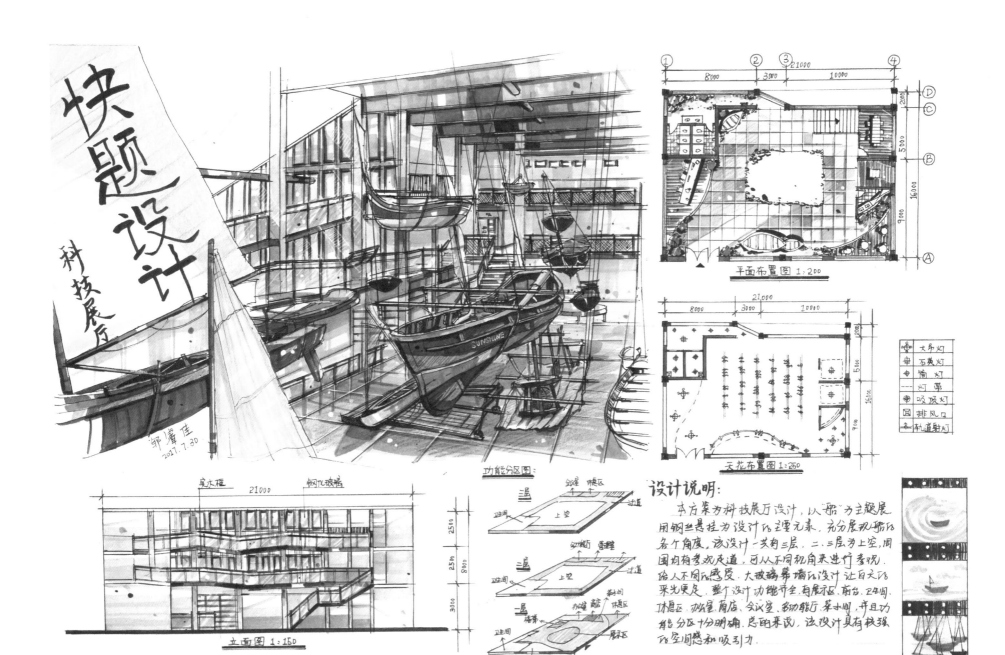

快题设计

科技展厅

郭睿佳
2017.7.30

平面布置图 1:200

天花布置图 1:250

| 大吊灯 |
| 石英灯 |
| 筒灯 |
| 灯带 |
| 吸顶灯 |
| 排风口 |
| 轨道射灯 |

立面图 1:150

功能分区图:

三层

二层

一层

设计说明:

本方案为科技展厅设计，以"船"为主题展用钢丝悬挂为设计的主要元素。充分展现船的各个角度。该设计一共有三层，二、三层为上空，周围均有参观走道，可从不同视角来进行参观，给人不同的感受。大玻璃幕墙的设计让白天的采光更足。整个设计功能齐全，有展示区、前台、办公间、休息区、纪念品商店、会议室、多功能厅、茶水间，并且功能分区十分明确。总的来说，该设计具有较强的空间感和吸引力。

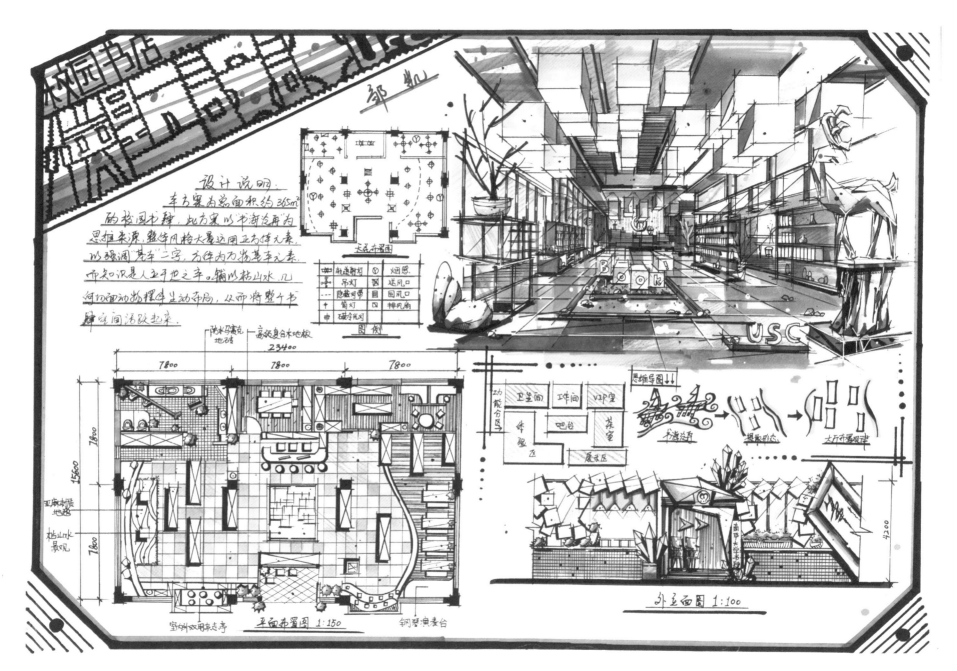

设计说明:
本方案为总面积约365m²
的校园书屋, 此方案以书海泛舟为
思推来源, 整体风格大量运用正方形元素,
以强调"方正"二字, 方正为为物基本元素,
而知识是人立于世之本。辅以枯山水, 几
何切面动物摆件生动布局, 从而将整个书
屋空间活跃起来。

天花布置图

图例

平面布置图 1:150

钢琴演奏台

外立面图 1:100

邹凯

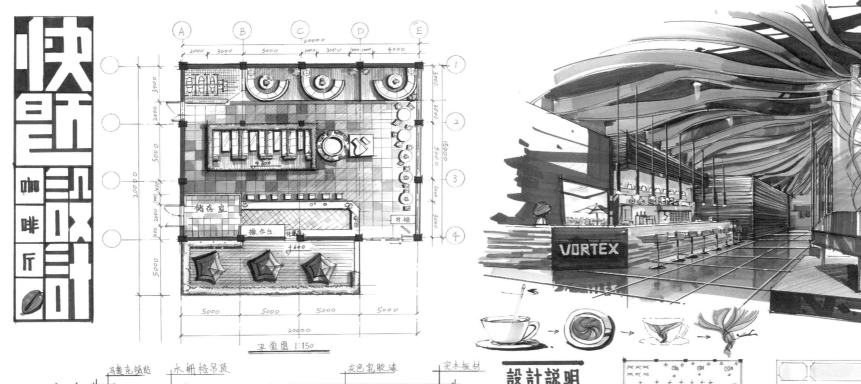

快餐设计 咖啡厅

设计说明

平面图 1:150

马赛克铺贴　木栅格吊顶　　　灰色乳胶漆　　实木板材

立面图 1:100

VORTEX

設計說明

将咖啡搅动,
浓郁的咖啡香
从旋涡中飘散出
来,方案以流动的
咖啡旋涡为元素
让每一个到咖啡
厅的顾客从视觉
嗅觉味觉上都沉
浸在咖啡香气中。

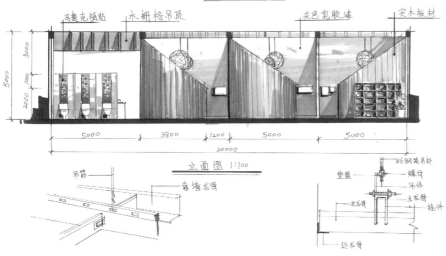

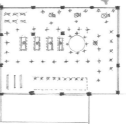

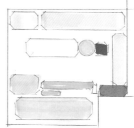

	筒灯
	吊灯
	灯带
	圆形吊灯
	小形方形灯
	日光灯
	方形吊灯

卫生间	包间
卡座区	水景区
演奏区	散座区
储存室	吧台
前台	操作区
外景	门厅

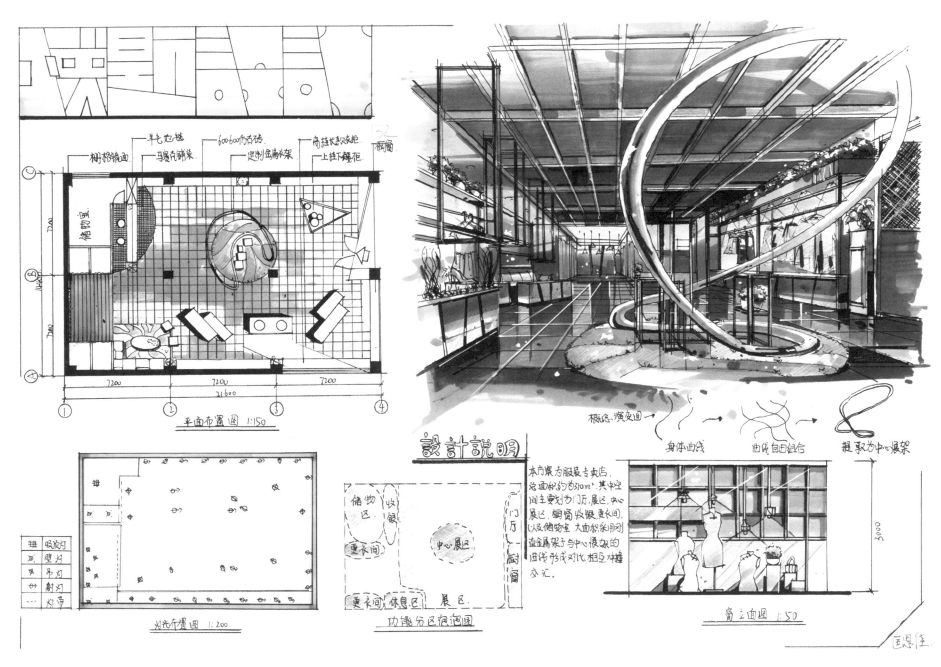

平面布置图 1:150

灯光布置图 1:200

設計說明

功能分区框圖圖

賣立面圖 1:50

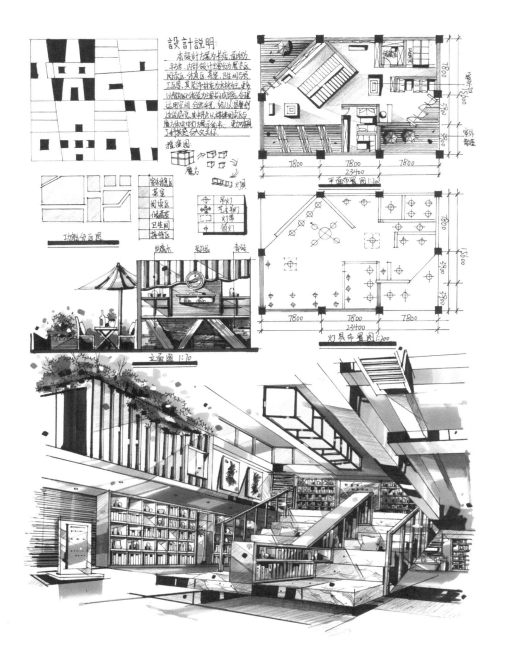

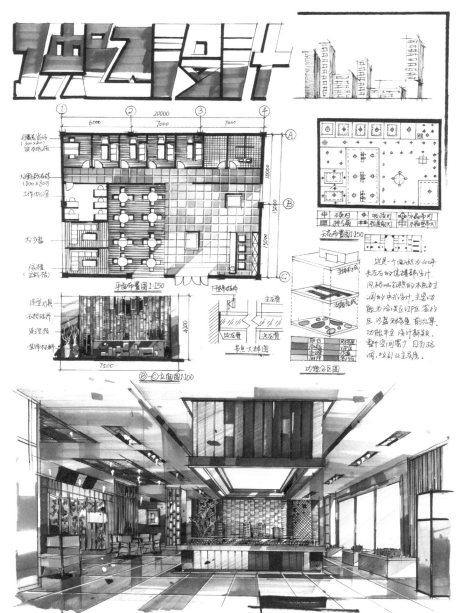

179

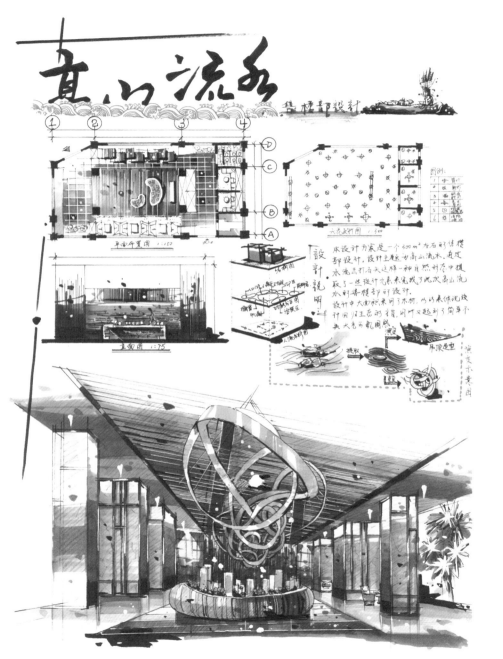

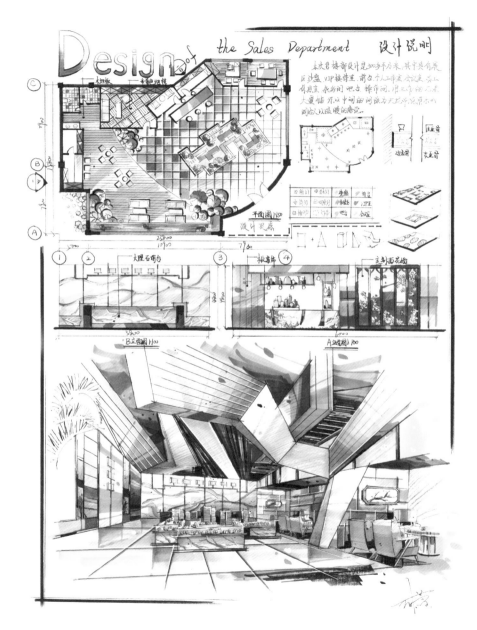

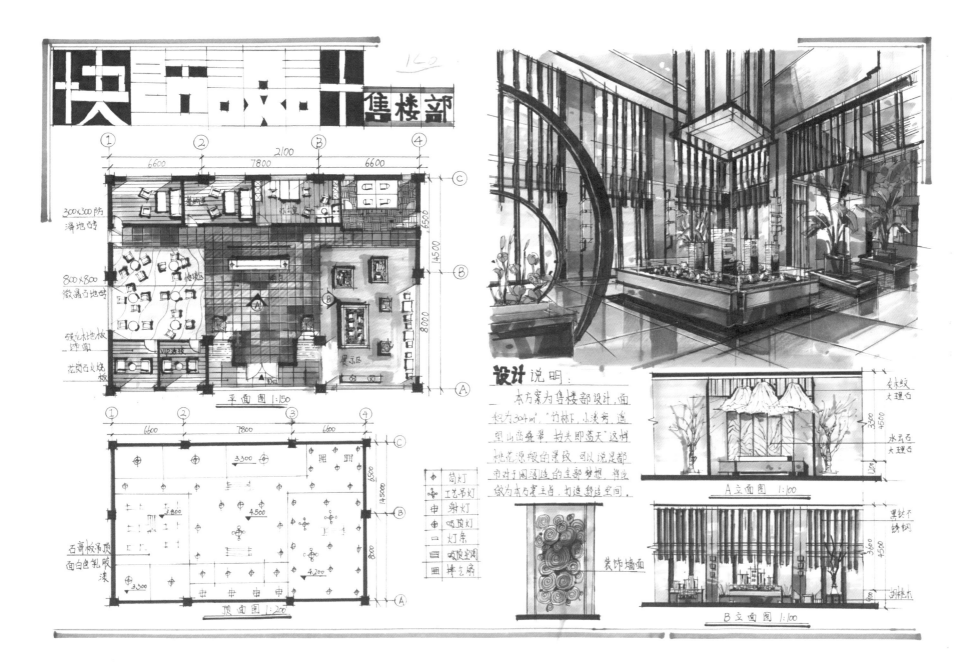

快 示 知 1 售楼部

平面图 1:150

顶面图 1:200

设计 说明：

A立面图 1:100

装饰墙面

B立面图 1:100

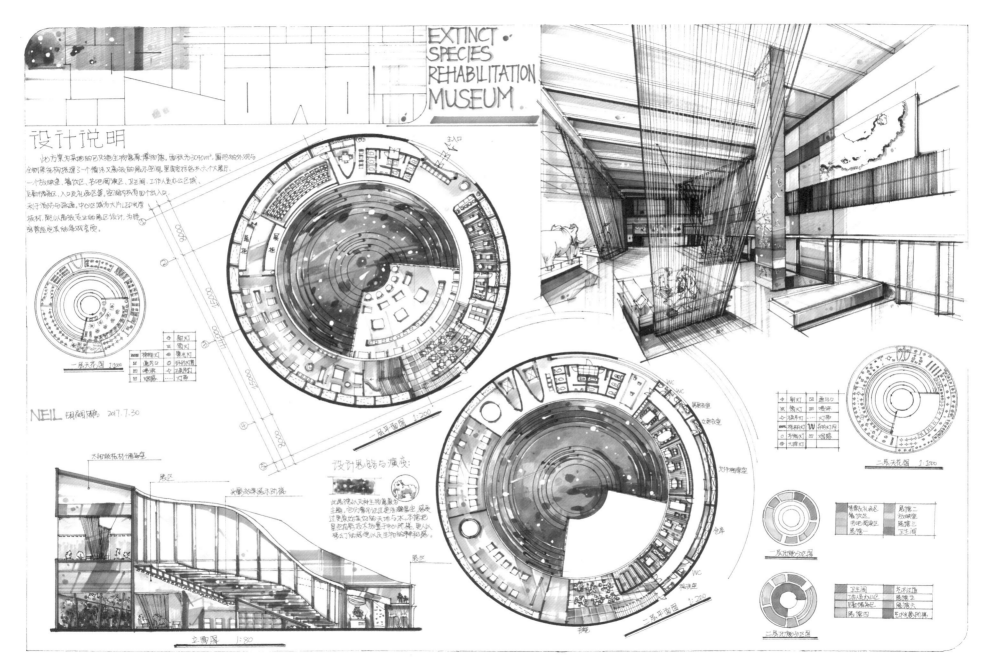

EXTINCT SPECIES REHABILITATION MUSEUM

设计说明

此方案为某市的已灭绝生物复原博物馆，面积为3040m²，圆形结构外观与全钢架结构搭建了3个循环又畅流的展示空间，里面设施齐全有六个大展厅，一个放映室、餐饮区、书吧阅读区、卫生间、工作人员办公区域、互动休闲区、入口及礼品区等，空间就流有四个出入口，利于消防与游览。中心区域为大内LED光度板树，配以高级专业的展区设计，为顾客营造更深体验观景度。

NEIL 陶阔周晓. 2017.7.30

一层天花图 1:1000

一层平面图 1:200

二层天花图 1:1000

二层平面图 1:200

立面图 1:80

设计思路与概度：

此展馆以以灭绝生物复原为主题，它的外观内征延更浓缩整星空，概度过更原始生物的天地与木，不借把最包花影技术放置于中心前端，更人从梦幻中感受以及生物的神秘感。

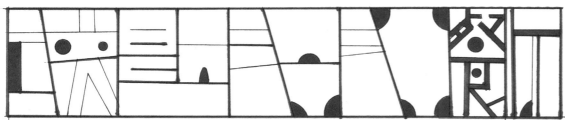

设计说明：本方案为餐厅的设计，主要分为餐饮区、吧台区、休闲区。整体空间采用可再生资源，大量运用在隔离和天花，材料主要是木材、大理石、玻璃，合理的运用到整体的空间中去，配合一些绿植，不仅符合当代的需求，还实现真正的绿色、环保、低碳。

博士鸿 2019.2.22

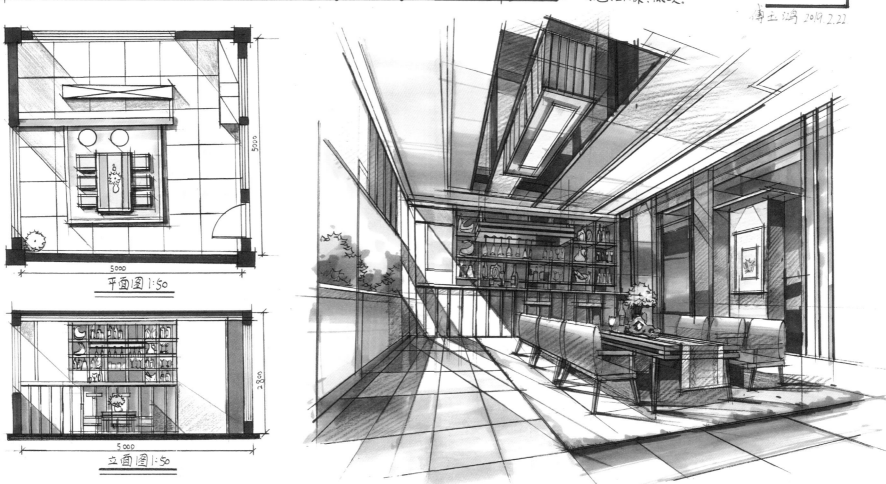

平面图 1:50

立面图 1:50

5000

2800

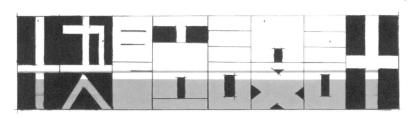

设计说明：
　　本方案是一个20m²的餐厅设计，整个空间的设计风格是新中式风格，大量运用了木质材料，并且通过空间细节的利用让整个空间表达出左右的节奏。木栅格推拉门和大理石的运用，使整个空间富有变化，不呆板，整个家具选择线条感强，很有新中式创新，整体配色，冷暖搭配，空间上特别有设计的律感。

平面图 1:50

立面图 1:50

效果图

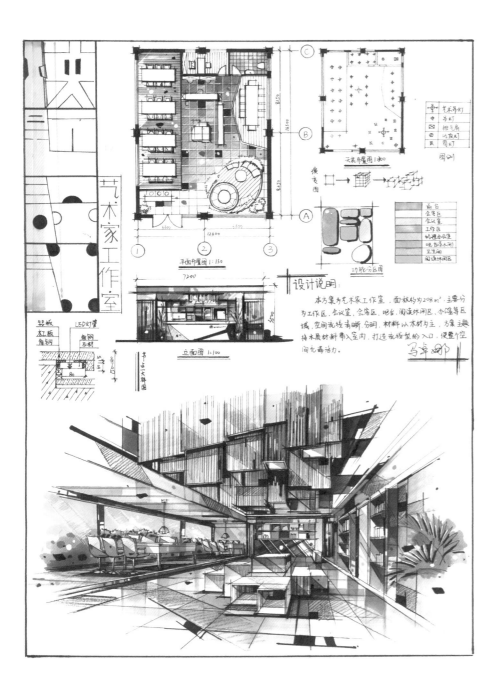

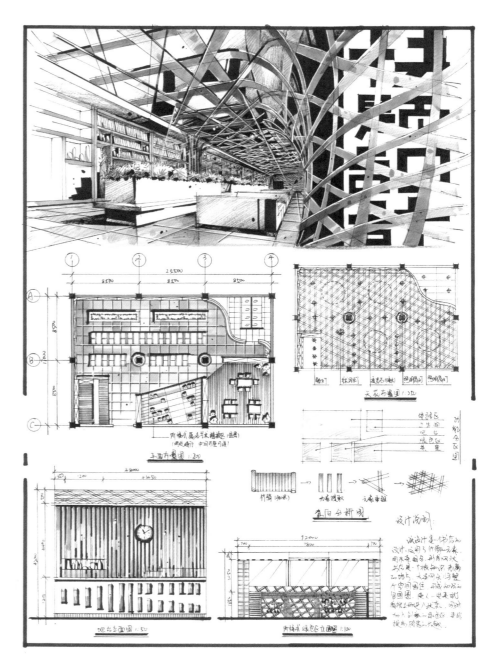

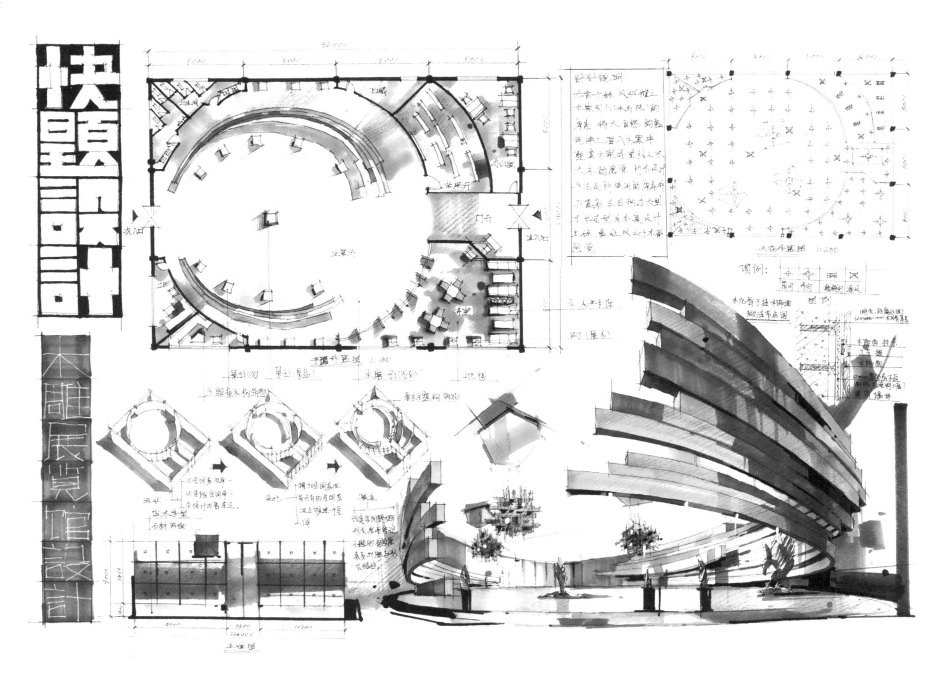

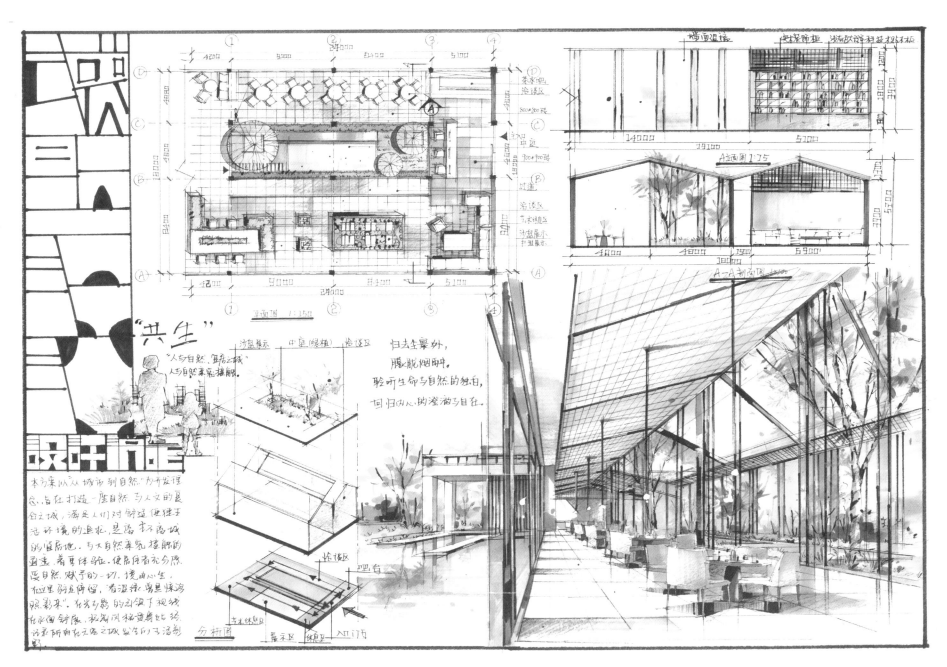

"共生"

"人与自然、宜居之城"
人与自然来亲密接触。

归去全景外，
朦胧烟雨中，
聆听生命与自然的独白，
回归内心的澄澈与自在。

设计说明

本方案以从"城市到自然"为开发理念，旨在打造一座自然与人文的宜居之城，满足人们对舒适、便捷于无环境的追求，是路 于不离城的宜居地。与大自然来亲密接触的置造、着重体验，使居住者充分感受自然、赋予的一切。境由心生，在这里驻足停留，看溪流、鸟虫啾鸣照影来。在光与影的刻划下视线在水间舒展，极制风格资质始终。为光所有在宜居之城发生的生活刻划影。

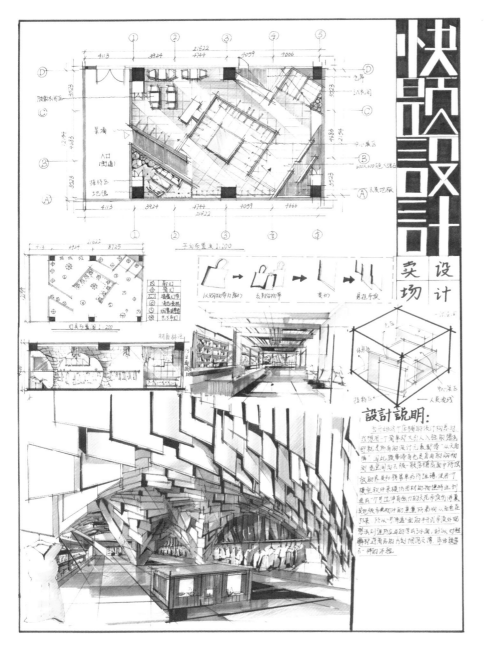

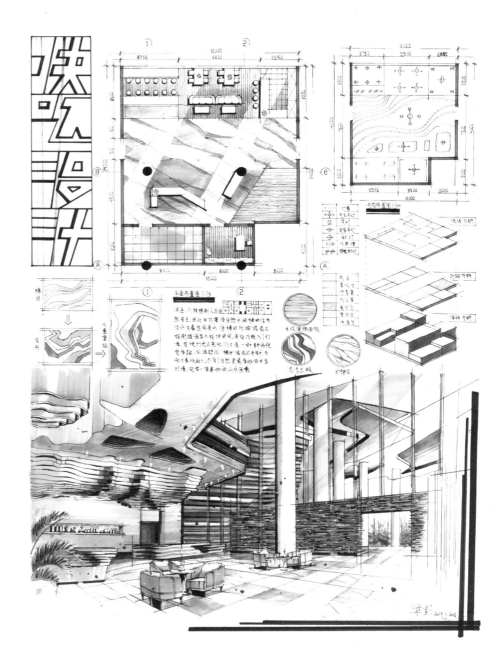

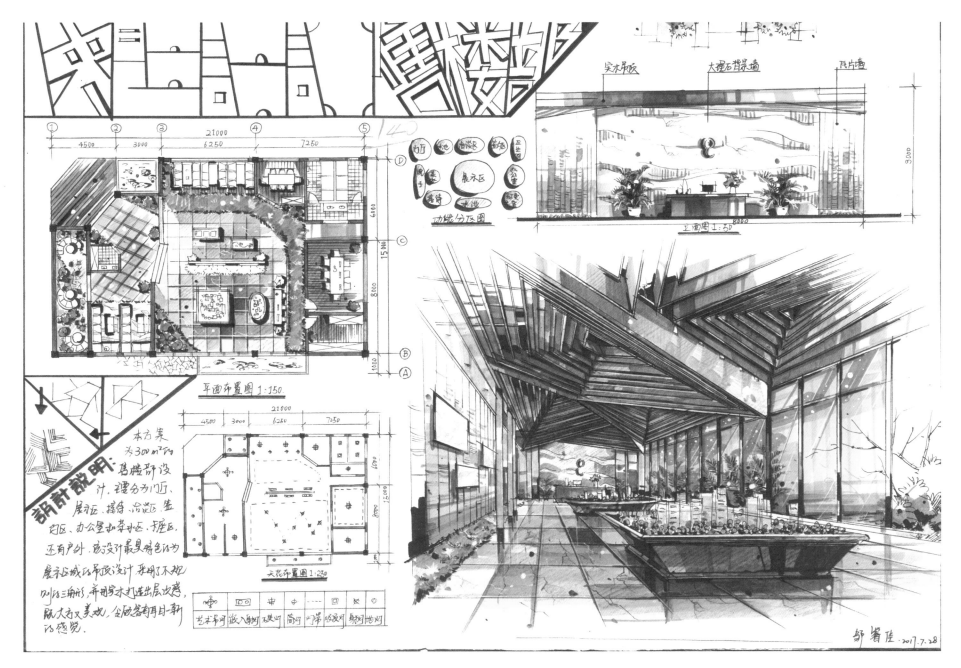

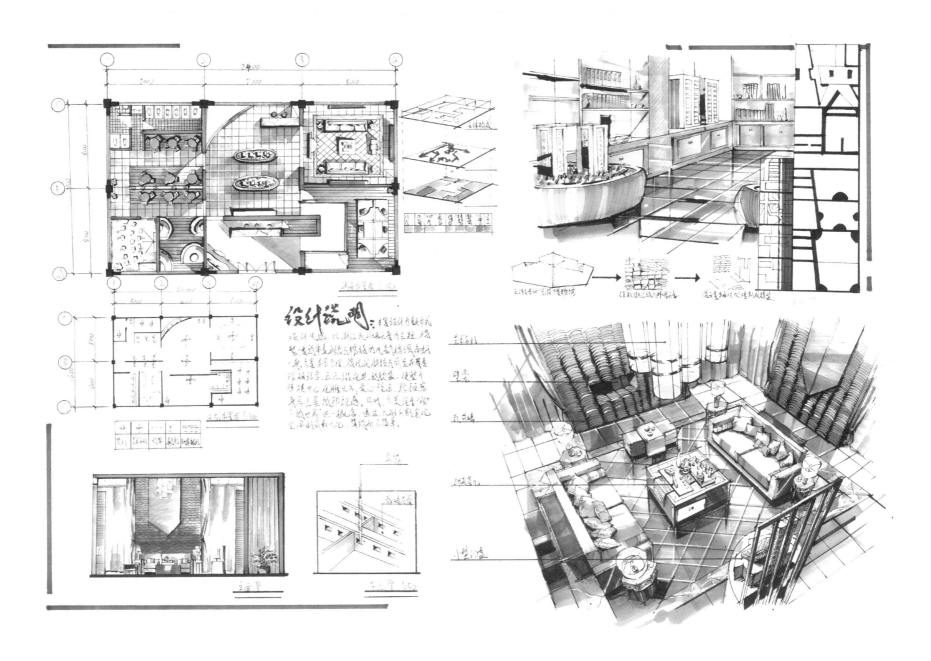

快題設計办公室间

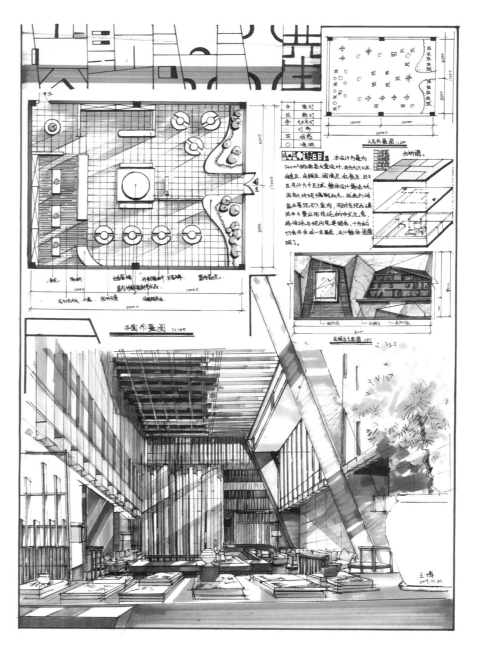

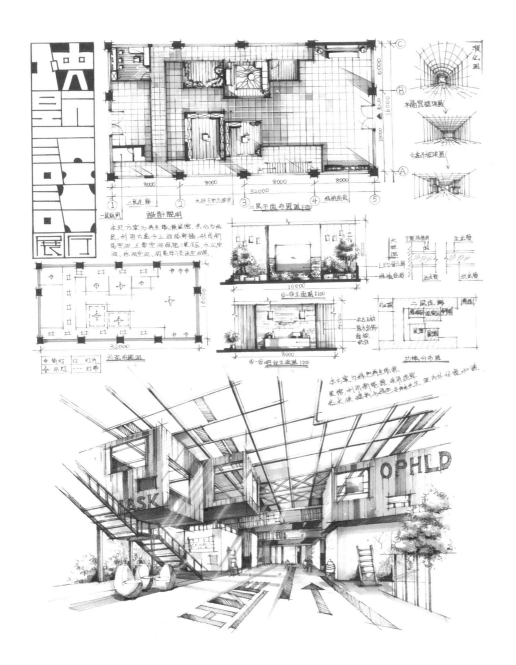

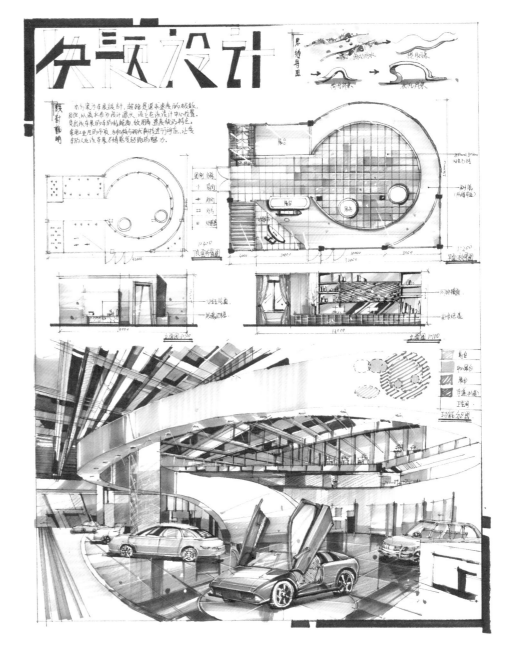

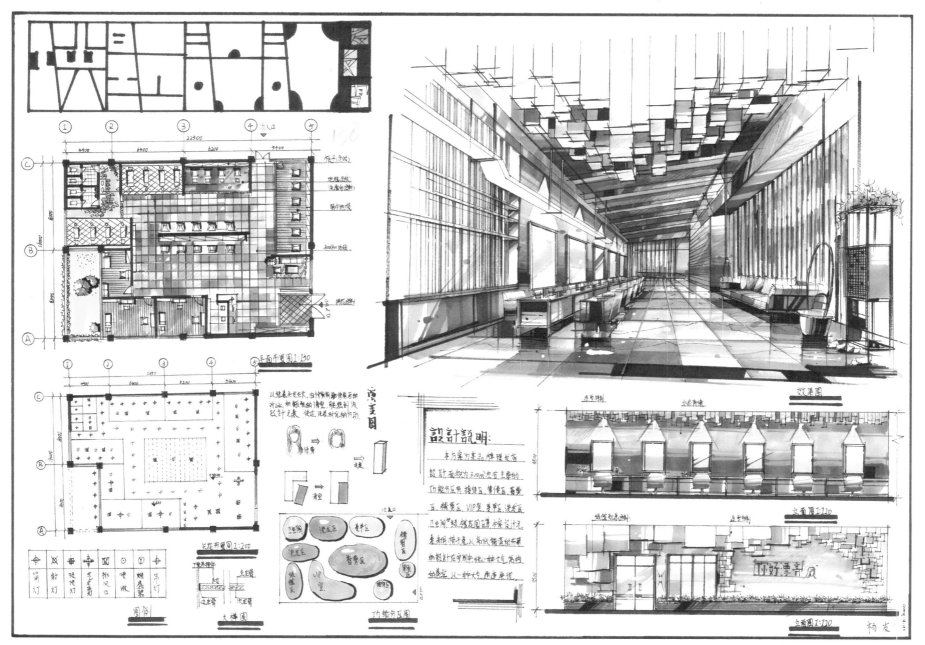

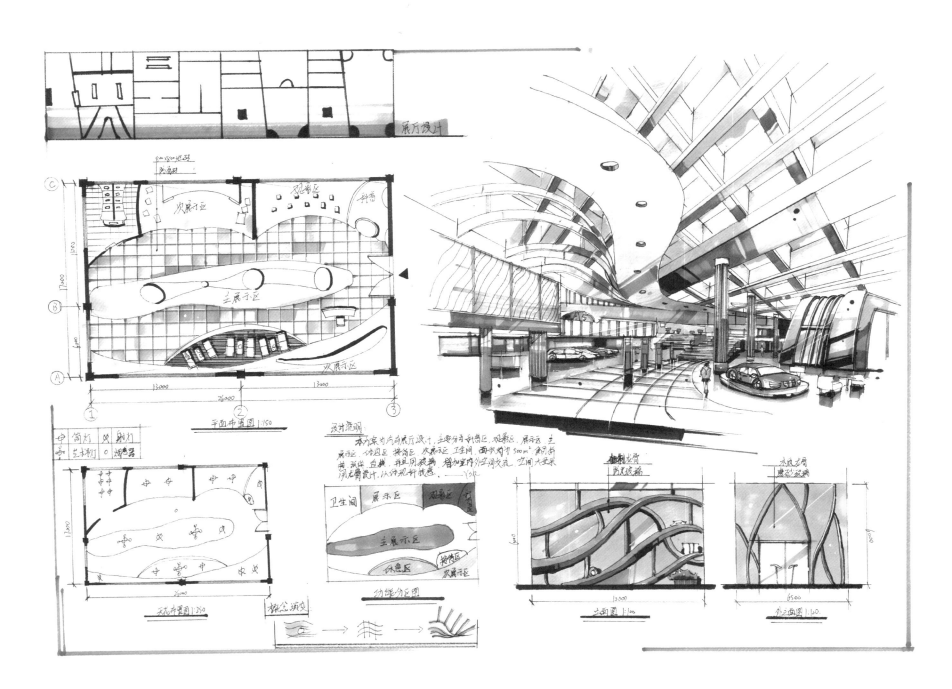

展厅设计

平面布置图 1:150

设计说明:

筒灯 射灯
艺术灯 烟感器

天花布置图 1:250

材料质感

功能分区图

立面图 1:50

外立面图 1:50

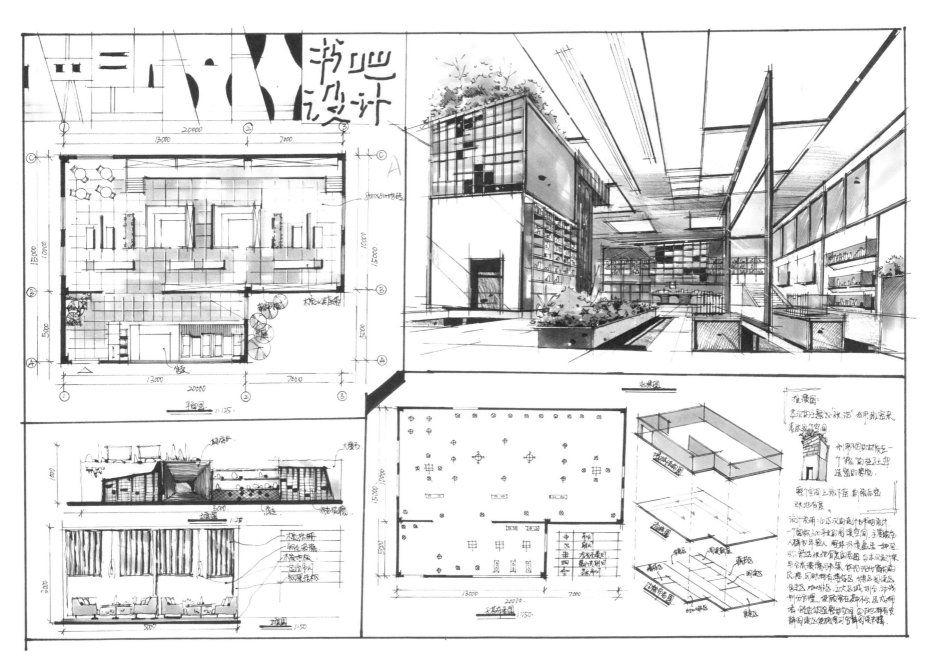

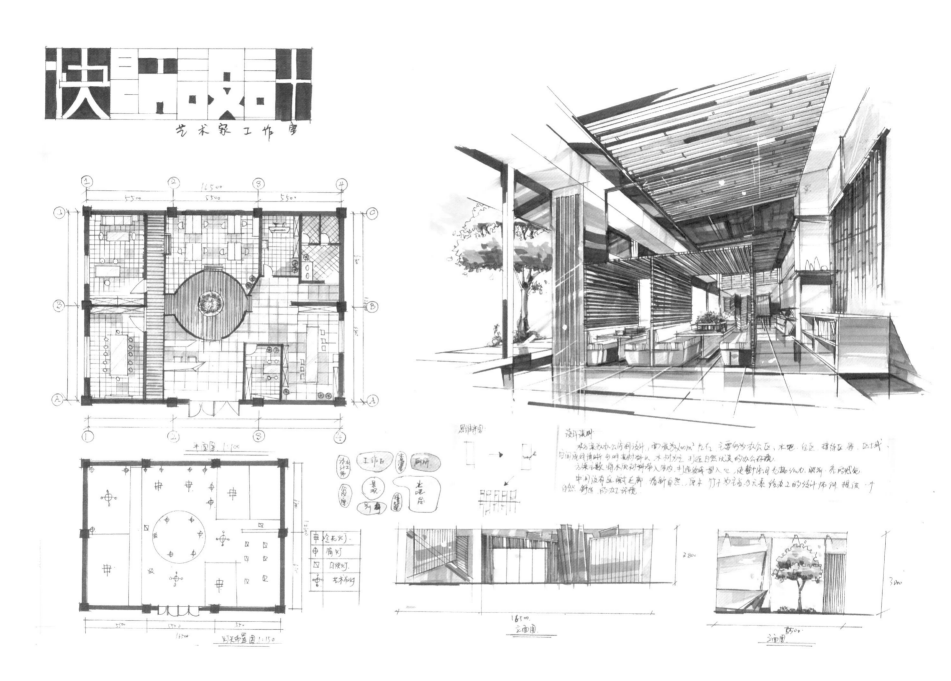

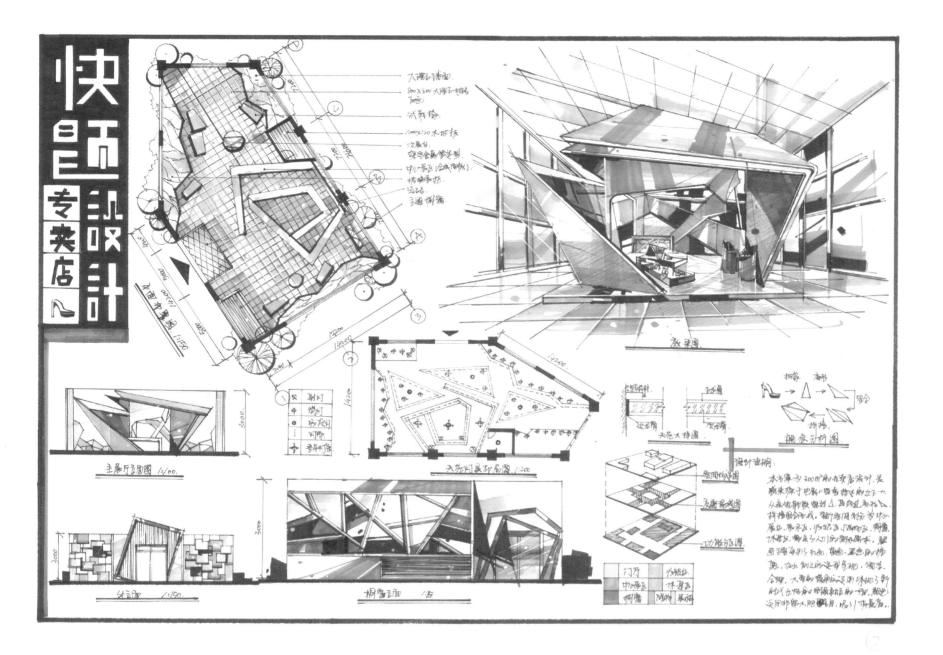

快题设计 专卖店

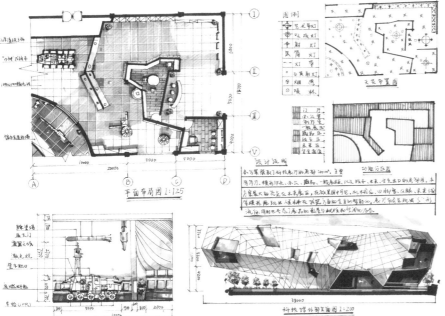

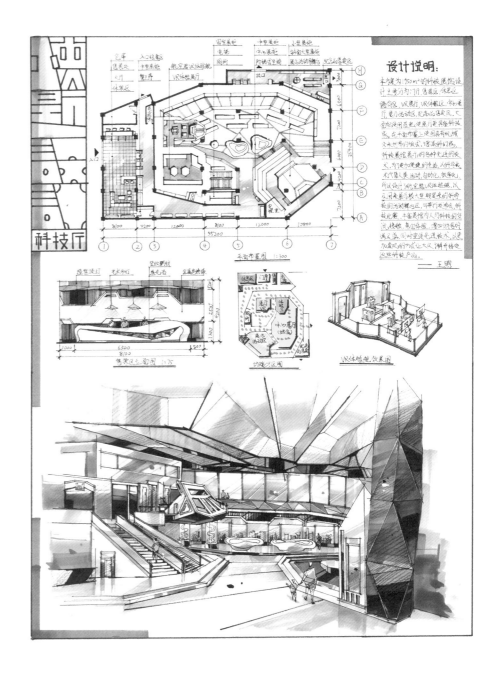

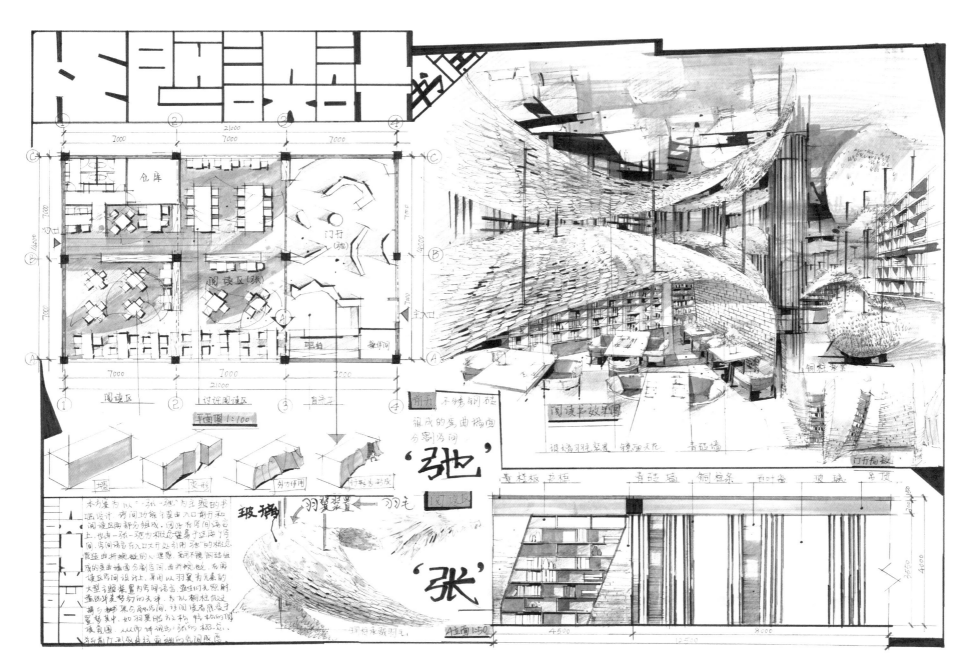

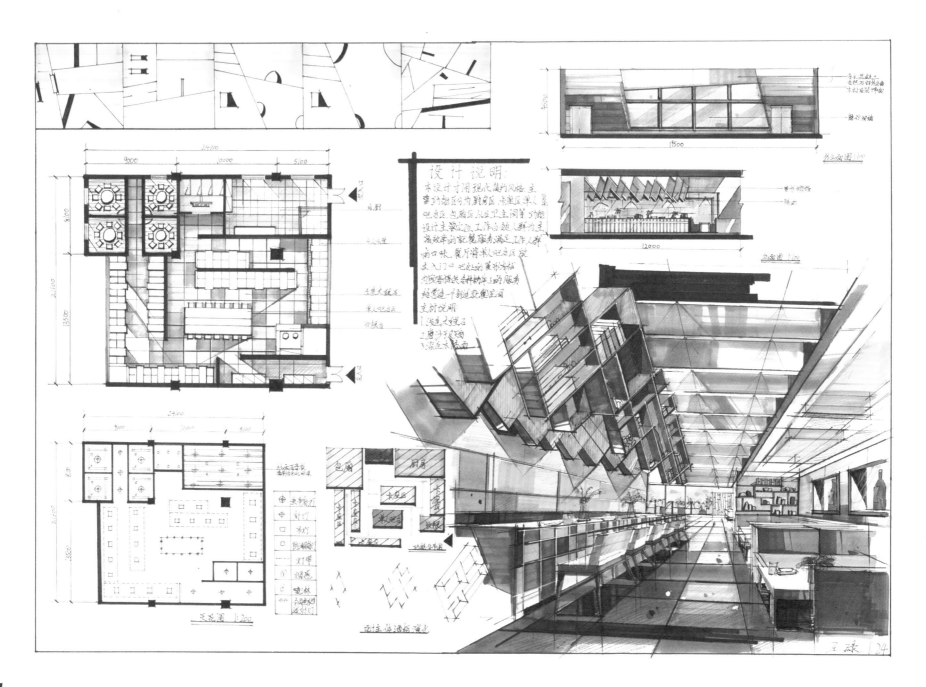

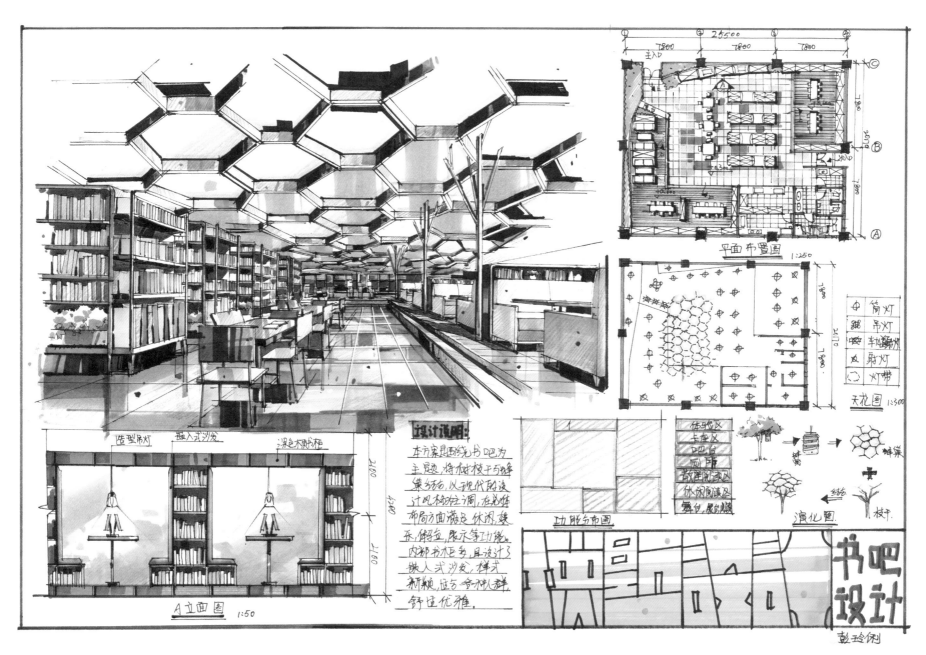

设计说明:

本方案是围绕书吧为主题,将树枝干与蜂巢结合,以于现代的设计风格为基调,在光带布局方面满足休闲、娱乐、解疑、展示等功能。内部书木巨多,且设计了嵌入式沙发,样式新颖,应与令老儿群舒适优雅。

造型吊灯   嵌入式沙发   深色木制书柜

A立面图 1:50

平面布置图 1:250

天花图 1:300

筒灯
吊灯
轨道射灯
射灯
灯带

体验区
卡座区
DD台
圆屏
敬理阅读区
休闲阅读区
舞台、展台

功能分布图   演化图

蜂巢   蜂巢
线性
树干

彭玲俐

书吧设计

201

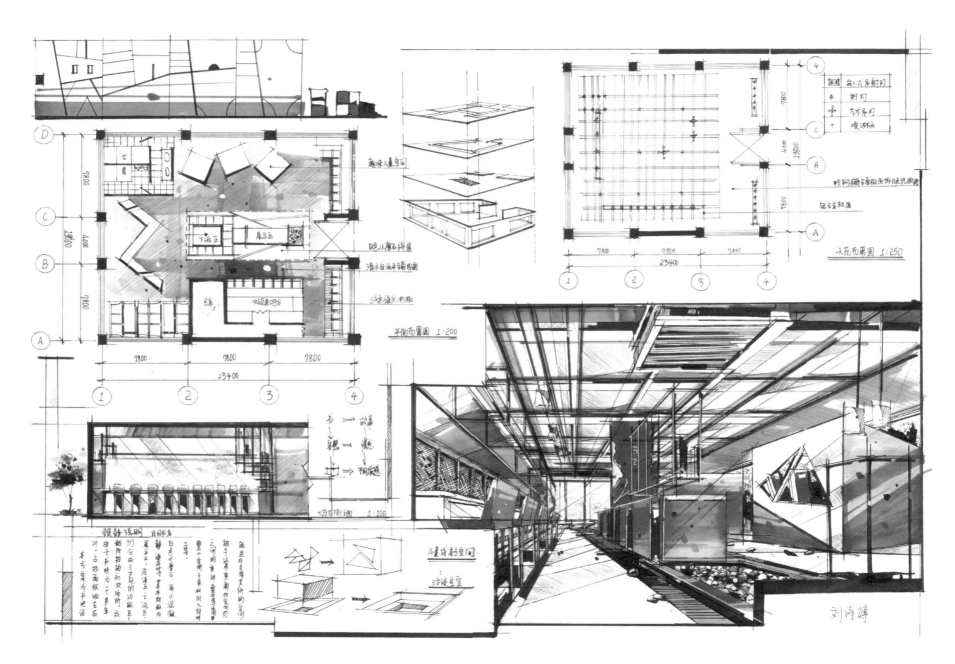

平面布置图 1:200

天花布置图 1:250

大万右侧面 1:100

設計說明

刘冯婷

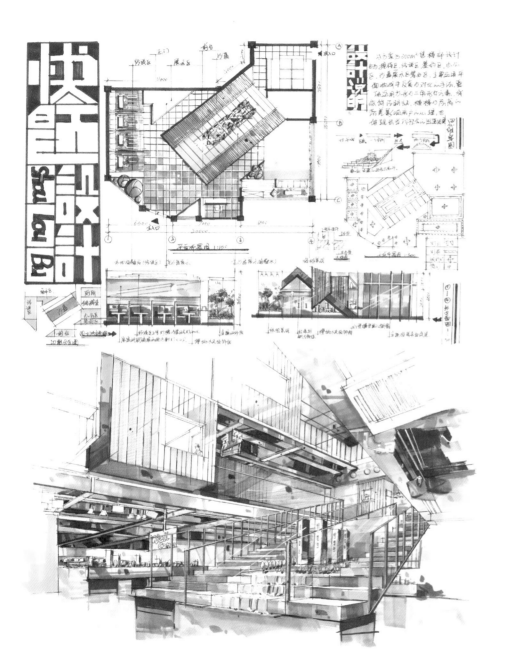

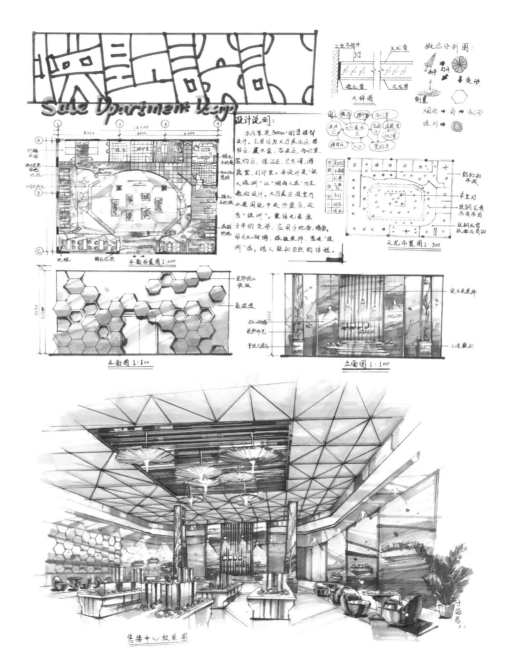

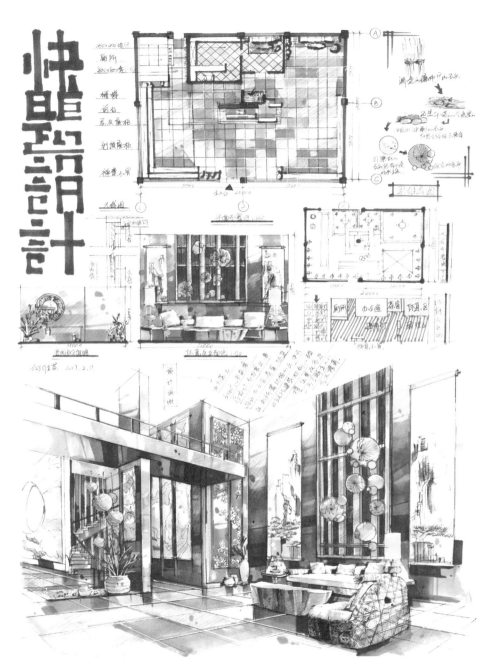

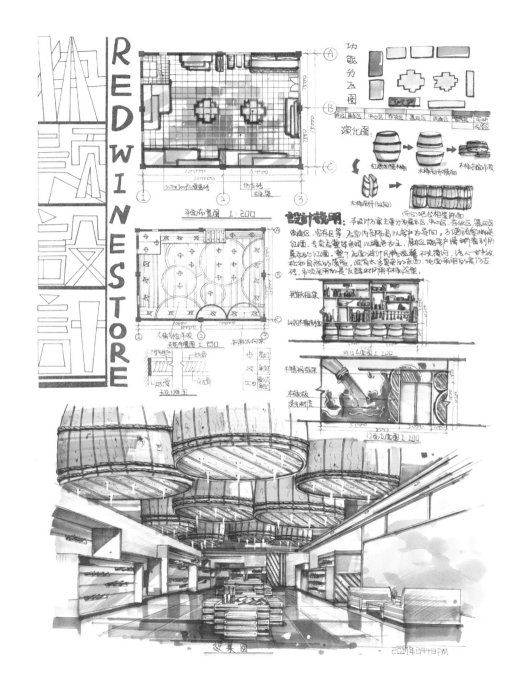